国家科学技术学术著作出版基金资助出版

污染控制过程可逆调控原理

田森林 李英杰 宁 平 著

U0228478

科学出版社

北京

内 容 简 介

本书总结了团队近十年在环境污染可逆调控修复方面的成果,从环境修复材料再利用的角度提出了一种环境污染可逆调控修复的方法,通过简单的极性切换实现修复材料与污染物之间的低成本、高效分离,克服了以往环境污染修复技术可能存在的修复材料分离回收困难、二次污染等问题。本书评述基于"开关"表面活性剂的环境污染可逆调控修复方法原理,具体阐述"开关"表面活性剂的合成表征及界面化学特性、可逆切换机理与污染物释放,以及"开关"表面活性剂修复有机污染土壤的效果及可逆回收、"开关"表面活性剂在土壤表面的吸附过程及影响因素等;基于可逆原理,也可将可逆思路用于大气污染控制领域,利用"开关"有机溶剂研究了其对工业有机废气中挥发性有机污染物的可逆吸收的可行性以及影响该过程的相关因素等。

本书内容可供环境类本科生、研究生和专门从事环境污染控制的科技研究人员学习参考。

图书在版编目(CIP)数据

污染控制过程可逆调控原理 / 田森林,李英杰,宁平著. —北京:科学出版社,2021.11 (2023.2 重印)

ISBN 978-7-03-069587-1

Ⅰ.①污… Ⅱ.①田… ②李… ③宁… Ⅲ.①环境污染-污染控制-研究 Ⅳ.①X506

中国版本图书馆 CIP 数据核字 (2021) 第 168157 号

责任编辑:李小锐　肖慧敏 / 责任校对:彭　映
责任印制:罗　科 / 封面设计:墨创文化

科 学 出 版 社 出版

北京东黄城根北街16号
邮政编码:100717
http://www.sciencep.com

成都锦瑞印刷有限责任公司印刷

科学出版社发行　各地新华书店经销

＊

2021 年 11 月第 一 版　　开本:787×1092　1/16
2023 年 2 月第二次印刷　　印张:11 1/2
字数:273 000

定价:98.00 元
(如有印装质量问题,我社负责调换)

前　言

2000 年左右我在浙江大学朱利中老师团队攻读博士学位，接触到利用表面活性剂对有机污染物的增溶作用进行有机污染土壤修复领域，虽然当时的土壤修复领域并不像现在这样火热，但我依然对该方向表现出浓厚的兴趣。表面活性剂增效修复(SER)技术虽然对有机污染土壤修复效果良好，但表面活性剂的回收再利用存在很大困难，且即使可回收也存在成本高、二次污染等问题，导致该技术迟迟不能得到大规模推广应用。当时我就思考，若存在一种简便且能有效破坏表面活性剂胶束的方法，那么这个问题就迎刃而解。

2006 年加拿大女王大学(Queen's University)的 Philip G. Jessop 在 Science 杂志上报道了一类含脒基的具有"开关"特性的表面活性物质，即在 CO_2 存在时可转化为脒基碳酸盐，亲水性变强，在此基础上通入 N_2 后脒基碳酸盐去碳酸化，转变为初始状态的物质。这给了我很大的启发，若用该物质替代 SER 技术中的常规表面活性剂是不是就可以解决表面活性剂再生利用难这一问题。基于此，我的团队做了有关脒基表面活性剂的表面活性、可逆增溶机理及可回收利用效率等系列研究工作，后续又逐渐扩展到其他的具有类似"开关"特性的表面活性物质，如电化学氧化可逆茂铁基类表面活性剂、光致异构切换偶氮苯类表面活性剂等，在保证增溶去除效率的前提下，某些表面活性剂的回收利用率可高达86%，这就说明采用具有"开关"特性的表面活性物质替代 SER 技术中的常规表面活性剂是可行的。

后来我们又将可逆调控修复理论扩展到有机废水和有机废气处理领域。众所周知，有机膨润土是一种有机废水处理的重要吸附材料，但也存在吸附后的污染物难以分离的问题。基于上述思路，我们采用"开关"表面活性剂改性膨润土，获得具有可逆特性的有机膨润土，成功将其用于含苯酚废水的处理，且有机膨润土也得到较好的分离；有机废气的常见处理方式是采用有机溶剂吸收，同样也存在有机溶剂分离困难、耗能、成本较高和二次污染等问题，因而我们采用具有"开关"特性的有机溶剂替代传统的吸收剂，以挥发性有机污染物为研究对象，研究了功能有机溶剂的可逆吸收性能，证明了该吸收-分离的可行性。

在国家重点研发计划项目(2018YFC1802603)、国家自然科学基金项目(21077048、21277064、41761072)等项目的资助下，团队在环境污染可逆调控修复方面取得了一些原创性成果。本书是在总结了团队近十年来发表的有关"开关"表面活性剂污染修复应用方面的文章和专利的基础上撰写的，较为系统地介绍污染控制过程可逆调控原理及方法。希望本书能起到抛砖引玉的作用，使越来越多的环境污染控制研究工作者关注环境污染可逆修复这一方向，为建设美丽中国贡献我们环境人的智慧。

目　　录

第1章 常规表面活性剂及其在污染控制中的应用

当前我国环境质量总体不容乐观,大气、水、土壤等环境介质已普遍受到有害化学物质的威胁,影响生态环境功能和人体健康。党的十八大以来,打好大气、水、土壤三大污染防治攻坚战成为解决目前我国环境问题的重要抓手,而环境污染控制与修复技术的创新是解决系列环境问题的关键所在。基于表面活性剂的污染控制技术是国内外开发较早,在大气、水、土壤污染控制/修复方面应用较为广泛的污染控制技术,如表面活性剂增效修复(surfactant-enhanced remediation,SER)技术用于污染土壤修复、表面活性剂改性膨润土用于有机废水处理等[1]。随着《中华人民共和国土壤污染防治法》的颁布,SER 技术已成为基于表面活性剂的污染控制技术中研究最为广泛的技术之一,在污染土壤/场地等环境污染修复中具有良好的应用前景。基于此,本章将简要介绍表面活性剂的基本性质、胶束热力学稳定性和增溶作用,着重阐述基于表面活性剂污染控制技术的基本原理和其在大气、水、土壤等环境介质污染控制方面的应用,以及表面活性剂的回收利用方法。

1.1 表面活性剂

1.1.1 表面活性剂简介及基本性质

表面活性剂是一类具有两亲(亲水和亲油)分子结构,溶解度高并能在溶剂(一般为水)中自组装形成胶束的物质[2-4]。表面活性剂的亲水性由其亲水头基决定,通常为磺酸基、硫酸基、氨基或胺基及其盐,也包括羧酸盐、羟基、酰胺基等极性基团。具有极性的亲水头基能与水分子作用,使表面活性剂溶于水。而由非极性烃链组成的疏水碳链(或亲油基团)则会与水分子相互排斥,使得表面活性剂分子能包裹住非极性或弱极性物质。由于同时具有亲水性和亲油性,表面活性剂分子易于吸附和定向排列于物质表面,并具有改变表面活性、增溶、渗透、乳化、分散、起泡、消泡、润湿等功能[5]。其中,改变表面活性和增溶是表面活性剂在有机污染土壤中发挥增效修复作用的关键因素。

近年来,随着表面活性剂工业的迅速发展,目前合成的表面活性剂品种已达数千种,并大量应用于日常洗涤以及食品、纺织等化工行业。因为表面活性剂亲水头基对其性质起着决定性的作用,所以表面活性剂可依据其亲水基团的不同进行分类,包括离子型表面活性剂和非离子型表面活性剂,其中离子型表面活性剂根据其溶于水后电离所产生的离子不同又可分为阳离子表面活性剂、阴离子表面活性剂和两性表面活性剂。不同类型表面活性剂代表产品如图1-1所示。

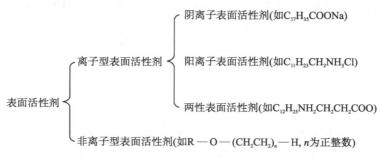

图1-1　表面活性剂的分类

1) 离子型表面活性剂

(1) 阴离子表面活性剂。阴离子表面活性剂是精细化工行业中开发最早、产量最大、生产技术最为成熟的一类表面活性剂。通常,阴离子表面活性剂的亲水头基为羧酸盐、磺酸盐和硫酸盐,在水中可以电离出金属正离子以及具有表面活性的阴离子片段。在 SER 技术工程应用实施过程中,因为不易与带负电的土壤颗粒发生吸附效应,阴离子表面活性剂最为常见[6]。

(2) 阳离子表面活性剂。与阴离子表面活性剂相反,阳离子表面活性剂的亲水头基一般为含氮的季铵盐,在水中可电离出具有表面活性的阳离子片段。研究表明,阳离子表面活性剂具有比阴离子表面活性剂更大的溶解度,且不受溶剂 pH 的影响,可适应酸/碱性水溶液。阳离子表面活性剂易于附着在带负电的固体表面,因此常见于材料改性的应用[7-9]。

(3) 两性表面活性剂。在同一分子中,兼具阴离子性与阳离子性亲水头基的表面活性剂称为两性表面活性剂。这种表面活性剂的离子特性主要取决于所选溶剂的 pH,当溶剂为酸性时,它呈阳离子型,碱性则呈阴离子型,因此两性表面活性剂在酸/碱性介质中都能很好地溶于水[10,11]。由于其具有低毒性以及良好的生物降解性等,两性表面活性剂广泛应用于个人洗护产品。

2) 非离子型表面活性剂

从亲水头基上看,非离子型表面活性剂在水中不发生电离,它由极性较强的羟基、醚基等组成,分为聚氧乙烯型和多元醇型两类。与离子型表面活性剂相比,非离子型表面活性剂通常以分子形式存在,化学性质更为稳定,并且非离子型表面活性剂具有良好的相容性,在 SER 技术中常被用于与离子型表面活性剂混合使用,以获得更好的修复效果[12]。

1.1.2　表面张力与临界胶束浓度

当浓度较低时,表面活性剂能显著降低液体的表面张力,从而起到乳化、分散、起泡、润湿等作用,这是表面活性剂最基本的特性之一[5]。SER 技术中,表面活性剂淋洗液对有机污染物的增溶实际上也是依赖于表面张力的降低。表面活性剂降低表面张力的特性通常包含两个方面,即降低表面张力的能力和效率。所谓降低表面张力的能力是指表面活性剂溶液的最低表面张力,其取决于表面活性剂疏水碳链(尤其是末端基团)的化学组成和最大表面吸附量。例如碳氢链表面活性剂降低水表面张力的能力远远不如碳氟链表面活性剂,再如将分支引入疏水碳链可大大增强表面活性剂降低水表面张力的能力[13]。表面活性剂降低表面张力的效率则是指其将水表面张力降低 20mN/m 所需的浓度[14],分子结构不同,表面活性剂降低表面张力的效率也不一样。

临界胶束浓度(critical micelle concentration,CMC)是一项衡量表面活性剂表面活性强弱的重要特征参数[15]。由于表面活性剂的两亲性,当处于低浓度时,其将以表面活性剂单体分子的形式排列在水/空气界面上,此时亲水头基朝下溶解于水中,疏水碳链朝上并呈现逃逸出水的趋势,使得水/空气界面受到竖直向上的合力,导致表面张力下降,如图 1-2(a)所示。随着浓度继续增加,表面活性剂单体分子将紧密排列于水/空气界面,当浓度达到一定值时,水/空气界面的表面活性剂单体分子达到饱和,此时多余的单体分子开始向水内部扩散,并通过分子间引力相互聚集,这种聚集缔合体称为胶束,表面活性剂溶液刚好形成胶束时的浓度即为临界胶束浓度,如图 1-2(b)所示。溶液浓度达到临界胶束浓度以后,由于水/空气界面上表面活性剂单体分子已经饱和,其数量不再随着浓度的上升而增加,其表面张力也不再降低,如图 1-2(c)所示[16]。

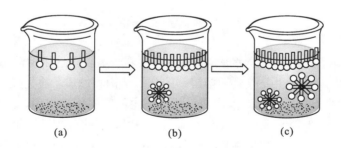

(a)　　　　　　　　(b)　　　　　　　　(c)

图 1-2　表面活性剂胶束形成示意图

表面活性剂在 CMC 时出现胶束,一些物理化学性质也会随之发生突变,如表面张力、电导率、渗透压、折光指数等,因此实验过程中可根据这些性质的突变点来测得表面活性剂的 CMC[17]。表面活性剂自身结构和外界环境因素会对其 CMC 产生影响。例如,从类型上看,离子型表面活性剂的 CMC 一般为 0.1～10mmol/L,而非离子型表面活性剂的 CMC 比离子型表面活性剂要低 1～2 个数量级[18];再如在相同类型的表面活性剂中,疏水碳链越长,CMC 越低,这是因为疏水碳链长度的增加增强了表面活性剂分子与水之间的排斥力，使得胶束更易形成[19]。此外，对于离子型表面活性剂来说，温度的升高会使得表面活性剂分子的热运动加剧，阻碍胶束的形成，导致 CMC 上升[20]。

1.1.3　增溶作用

由于表面活性剂的存在，水溶液中原来不溶或难溶的有机物的溶解度明显增加，此现象称为表面活性剂的增溶作用[21]。增溶作用与表面活性剂胶束有密切的联系，当溶液中表面活性剂浓度低于其 CMC 还不足以形成胶束时，增溶作用非常微弱；只有在胶束形成以后，增溶作用才明显表现出来。如 Zhao 等[22]的研究表明，低浓度的非离子型表面活性剂 TX100 对有机污染物氯苯几乎没有增溶作用，然而当浓度提升至 CMC 以上后，溶液中氯苯的表观溶解度急剧上升。

在增溶体系中，起到增溶作用的表面活性剂称为增溶剂，被增溶物质为增溶质。研究报道，在增溶过程中增溶质并不是自身均匀分散在增溶剂中，而是根据本身与增溶剂的性质定位在胶束的 4 个区域，如图 1-3 所示，包括胶束内核(a)、栅栏区(b)、胶束表面(c)以及聚氧乙烯链间的水化区(d)[23]。其中，被增溶的确切位置一般遵循"极性相近相溶"的原则。

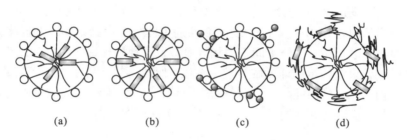

(a)　　　　　　(b)　　　　　　(c)　　　　　　(d)

图 1-3　表面活性剂增溶方式

出于节约成本、提高效率等考虑，SER 技术实施一般要求选用增溶量大的表面活性剂作为淋洗液，而增溶量又主要取决于增溶剂的分子结构和性质。前文提及，表面活性剂疏水碳链越长，CMC 越低，因此溶液在较低浓度下也能产生增溶作用，使得增溶作用增强。依据相似相溶原理，当疏水碳链中含有不饱和双键时，溶液对非极性化合物的增溶作用减弱，然而却对芳香族化合物和极性化合物的增溶作用增强。除此之外，外界环境因素，如电解质、温度等也都会对表面活性剂增溶量产生一定影响。电解质可降低表面活性剂CMC，使相同浓度下溶液中胶束数量增多，增强其对非极性烃类的增溶能力。在表面活性剂溶液中加入非极性有机物，可使胶束膨胀从而提高极性物质的表观溶解度，同理，加入极性有机物则可使得非极性物质的表观溶解度增大[13]。温度变化可显著影响非离子型表面活性剂的增溶能力，通常聚氧乙烯链的水化作用会随着温度的升高而减小，因而导致胶束增多，非极性物质表观溶解度增加。然而，由于极性物质的增溶位置主要在胶束的栅栏区，在开始升温时，热运动增强，使得胶束聚集数增多，增溶量加大，但是若温度持续升高，会导致聚氧乙烯链脱水而蜷曲，减小栅栏区增溶空间，增溶量反而减小[15]。

1.2　基于表面活性剂的污染控制技术

20 世纪 80 年代，Kile 和 Chiou[24]研究发现，几种典型疏水性有机物(hydrophobic organic compounds，HOCs)与有机农药的溶解度能在腐殖酸存在下有所增加，并发生水相-腐殖酸相分配作用。之后 30 年内，基于增溶理论的不断丰富与发展，SER 技术问世，成为最有效的有机污染土壤修复方法之一[25-32]。该技术属于化学修复中的化学淋洗修复，可通过原位或异位的方式，向污染土壤中注入表面活性剂或有机溶剂等增效试剂，从而提高土壤中有机污染物在水相的溶解度或移动性，再通过淋洗液回收将污染物迁移出地面并进行集中处理。图 1-4 为 SER 技术修复有机污染土壤示意图[33]。

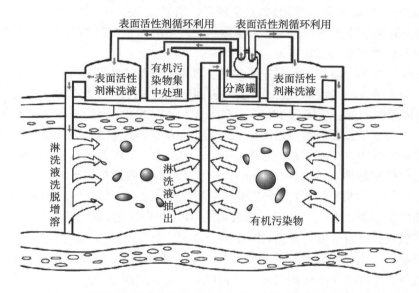

图 1-4　表面活性剂增效修复(SER)技术修复有机污染土壤示意图

SER 技术效率高、实施周期短、对土壤中多种 HOCs 均具有良好的洗脱效果，已受到环境学者的广泛青睐。近年来，欧美各国已纷纷将 SER 技术投入至有机污染土壤修复的工程应用中，例如美国国家环境保护局提出的"超级基金法案"中有 2%～3%的修复点将采用 SER 技术[34]。

1.2.1　表面活性剂增效修复技术

传统的有机污染土壤淋洗修复方法为泵抽提-回灌法[35]，该法主要利用地下水为淋洗液，通过泵的抽提作用将地下水通过土层抽出地面，同时带出从土壤颗粒上解吸下来的有机污染物并对其进行集中处理。但是，由于大部分有机污染物皆属极难溶于水的非极性物质，需要消耗大量的地下水资源，同时因修复效率不高，还须花费大量时间。Sabatini 等[36]

估算了传统泵抽提-回灌法修复有机污染土壤所耗时长，发现完成修复通常需要花上百年的时间，然而当在传统淋洗修复技术中引入表面活性剂后，达到修复目的所用时间可缩短至 10 年以内，不仅提高了洗脱效率，还大大缩短了修复时间。

在 SER 技术实施过程中，表面活性剂主要发挥以下两个作用：①表面活性剂减小了液/固之间的表面张力，因此阻塞在土壤孔隙内部的非水相流体(nonaqueous phase liquids，NAPLs)可通过分散作用进入溶液并随溶液被洗脱出来；②当表面活性剂浓度高到可以形成胶束时，胶束内部的疏水碳链可促使有机污染物分配进入胶束内核[37]，又由于表面活性剂本身的亲水性，有机污染物在水中的溶解度大大增加，能更好地被从溶液中洗脱出来，此作用即为表面活性剂的增溶作用。

SER 技术常用的表面活性剂包括：阴离子表面活性剂(如十二烷基硫酸钠 SDS、十二烷基苯磺酸钠 SDBS 以及脂肪酸甲酯磺酸盐 MES 等)、非离子型表面活性剂(如聚氧乙烯型和多元醇型)、生物表面活性剂(如鼠李糖脂、皂素、烷基多苷等)。对阳离子表面活性剂而言，由于其易于吸附在带负电的土壤颗粒上而造成修复损失偏大，阳离子表面活性剂多被用于与其他类型表面活性剂混合使用[37]。

Harendra 和 Vipulanandan[38,39]分别考察了阴离子表面活性剂 SDS、非离子型表面活性剂 TX100、阳离子表面活性剂 CTAB、生物表面活性剂 UH 对四氯乙烯与三氯乙烯的增溶作用，发现增溶能力强弱顺序为 TX100＞CTAB＞UH＞SDS，说明非离子型表面活性剂增溶能力最强，阴离子表面活性剂增溶能力最弱。而从这四种表面活性剂的 CMC 也可以看出规律，其中 TX100 0.13g/L、CTAB 0.4g/L、UH 0.7g/L、SDS 2.3g/L，同时也验证了 CMC 越小，表面活性剂增溶能力越强。Shigendo 等[40]对多环芳烃芘、菲、萘在非离子型表面活性剂 $C_{16}E_7$ 中的溶解度进行了研究。研究发现，当 $C_{16}E_7$ 浓度高于 1mmol/L 时，芘、菲、萘的表观溶解度显著上升，并与所形成胶束的形状密切相关。在低浓度时，$C_{16}E_7$ 开始逐渐形成球状胶束，随着浓度的升高，因非离子型表面活性剂疏水键相互作用，自身胶束也开始聚集呈棒状，由于棒状胶束的聚集数远远高于球状胶束，表观溶解度也会随之上升。

由上可见，通常表面活性剂浓度越高，有机污染物就越易于从土壤中被洗脱出来。然而，淋洗液中表面活性剂的浓度也不宜太高，因为过高的浓度会大大增加表面活性剂在土壤上的残留量，对环境造成二次污染。大量研究表明，阴离子表面活性剂直链烷基苯磺酸钠(LAS)可通过各种作用力，包括疏水键作用、静电引力、氢键作用、沉降以及土壤特殊位点的吸附[41-43]而吸附至土壤颗粒上。陈宝梁等[44]考察了 SDBS 在不同改性膨润土上的吸附行为，发现低浓度的 SDBS 在膨润土上的吸附量很小，当浓度大于 1/2 CMC 时，吸附量则急剧增加。

相比而言，阳离子表面活性剂在土壤上的吸附量就要大得多，此类表面活性剂具有良好的离子交换性能，极易吸附在带负电的土壤颗粒上。Bae 等[45]研究表明，典型阳离子表面活性剂 CPC 在黄铁矿上的饱和吸附量为 357mmol/kg，并且界面动电势随着溶液 pH 的上升而下降，说明不同 pH 下黄铁矿对阳离子表面活性剂具有 3 个不同的等电位点。向溶液中引入阳离子 Na^+ 后，CPC 的吸附量显著下降，说明阳离子表面活性剂在离子交换吸附过程中能与其他共存阳离子发生竞争吸附，导致自身吸附量下降。Harendra 和 Vipulanandan[39]发现 CTAB 不仅能与高岭土上阳离子交换位点结合而吸附至土壤上，同时还能通过分配作用扩散至土壤中各个部位，造成修复过程中表面活性剂的大量损失。鉴于阳离子表面活性剂的强吸附能力，其可以起到增加黏土矿物中有机物质含量的作用，对黏土进行改性，增强黏土对疏水性有机污染物的吸附能力和去污能力。例如有研究学者提出向底层土壤注入阳离子表面活性剂溶液，使其形成吸附区，用以拦截和固定有机污染物，防止有机污染物进一步扩散至地下水[46]。此外，采用长链季铵盐型阳离子表面活性剂CTAB改性后的膨润土对水中有机污染物苯的吸附效率明显提高，改性后土壤的吸附能力主要取决于土壤本身阳离子交换容量与阳离子表面活性剂的性质[47]。

与离子型表面活性剂不同，非离子型表面活性剂在溶于水后并不能发生电离，因此其在土壤上的吸附机制也不一样。杨建等[48]研究了普通砂土对非离子型表面活性剂 TX100的吸附特征，结果表明，砂土对 TX100 的吸附能力总体较低，吸附量均低于 1.1mg/g，但TX100 仍可通过有机相分配作用和微孔吸收进入土壤，吸附过程中存在显著的吸附剂浓度效应，其中 TX100 的吸附量随着固液比的增大而减小。由于非离子型表面活性剂具有吸附损失小等特点，Mulligan 和 Eftekhari[49]同样采用非离子型表面活性剂 TX100 应用于五氯苯酚(PCP)污染土壤，并取得了良好成效。作者发现，浓度为 1%的 TX100 淋洗液对1000mg/kg PCP 污染的细砂土和泥土的洗脱效率均高于 85%；此外，由于表面活性剂自身的起泡作用，在高温加热后，60%左右的 PCP 还可通过蒸发作用去除。由此可见，非离子型表面活性剂不仅增溶效率高，同时还不易于因吸附而导致修复损失，是 SER 技术较为理想的选择。

单一表面活性剂应用于 SER 技术往往会存在一些缺陷，如阴离子表面活性剂本身增溶能力弱，同时易与土壤里 Ca^{2+}、Mg^{2+}等离子发生沉淀，使得其增溶洗脱效率不高，阳离子表面活性剂与非离子型表面活性剂也会因离子交换与分配作用而出现上述问题；针对复合污染物污染的土壤，采用单一表面活性剂通常也会面临修复能力不足等问题。自 20世纪 80 年代起，已有学者对混合表面活性剂展开了研究。在光度分析中，Qi 和 Zhu[50]认为阴-非、阳-非混合表面活性剂体系在一定条件下可产生协同增敏、增稳作用，提高光度分析的灵敏度，并由此断定通过混合能改变单一表面活性剂胶束相关形状及能力。基于此项发现，Zhu 和 Chiou[51]就单一与混合表面活性剂对芘的增溶作用进行了对比，结果表明，阴离子表面活性剂 SDS 分别与非离子型表面活性剂 TX100、TX405 以及 Brij35 组成的阴-非混合表面活性剂体系的增溶能力均大于单一表面活性剂，并且发现混合而成的阴-非混合表面活性剂体系具有显著的协同增溶效应，混合后表面活性剂体系的 CMC 明显降低，芘在胶束中的分配系数大幅增加。混合表面活性剂体系对芘的增溶能力强弱顺序为SDS-TX405＞SDS-Brij35＞SDS-TX100，由此可以看出，两种表面活性剂的疏水碳链越相似，所产生的协同作用越大。Mohamed 和 Mahfoodh[52]发现，SDS 与 Tween80 的混合属于非理想混合，所形成的胶束更为稳定，其疏水内核空间更大；在增溶规律上，由于二者皆属于胶束增溶，混合表面活性剂体系与单一表面活性剂增溶规律保持一致，当浓度低于CMC 时，芘在混合溶液中的溶解度变化不大，但当浓度超过 CMC 时，芘的溶解度随溶液浓度上升而呈线性增加趋势，采用常规系数，如摩尔增溶比(molar solubilization ratio，MSR)、胶束/水分配系数(micelle-water partition coefficient，K_m)可对其进行增溶能力的考察。Parfitt 等[53]将混合表面活性剂应用于 DDT 污染土壤的洗脱增溶修复，研究发现，在

SDBS-Brij35 与 SDBS-Tween80 混合表面活性剂体系中，非离子型表面活性剂对增溶的贡献占据主导作用，并且非离子型表面活性剂的引入提高了淋洗液的生物降解性，从而降低了因表面活性剂残留而带来的环境风险。

阳离子表面活性剂与非离子型表面活性剂之间同样能产生相应的协同作用。Dar 等[54]就不同阳离子表面活性剂与非离子型表面活性剂 Brij 系列组成的混合表面活性剂体系对多环芳烃(polycyclic aromatic hydrocarbons，PAHs)的增溶能力进行了考察，发现 PAHs 在混合溶液中的溶解度明显高于其在相同浓度下的单一溶液中的溶解度，并且仍然是非离子型表面活性剂主导了增溶作用，然而阳离子表面活性剂的结构对整个体系的增溶有影响，其疏水碳链越长，PAHs 的溶解度越高。另外，若阳离子表面活性剂结构中含有苯甲基等结构，也可对其增溶产生促进作用。陈宝梁等[55]认为只有在一定条件下，阳-非混合表面活性剂体系才能对 PAHs 具有协同增溶作用，这是由混合表面活性剂对芘的胶束分配系数 K_{mc} 增大所致，混合组分之间比例过高或是过低，都会对增溶作用产生抑制，在合适的配比下，阳-非混合表面活性剂体系表现出了比阴-非混合表面活性剂体系更强的增溶能力。为探明阳-非混合表面活性剂是否可实际应用于 SER 技术，Zhang 等[56]对 HDPB-TX100 阳-非混合表面活性剂体系在膨润土上的吸附性能进行了研究，结果表明膨润土对单一 HDPB 具有很强的吸附能力，当 HDPB 浓度为 6 倍 CMC 时，其饱和吸附量甚至高于 300mg/g。但是，随着 TX100 的加入，HDPB 的吸附量开始逐渐降低，溶液中 3000mg/L 的 TX100 可使 HDPB 的吸附量下降 25%，这是因为非离子型表面活性剂庞大的分子结构覆盖在膨润土表面，阻碍了阳离子表面活性剂与膨润土上活性吸附位点的接触。总而言之，在非离子型表面活性剂的促进下，阳离子表面活性剂也适用于 SER 技术。

常规植物和微生物修复技术一般只能通过吸收和降解溶解态的有机污染物来达到修复污染土壤的目的，而表面活性剂的增溶作用又能促进有机污染物的溶解，因此表面活性剂还具有与生物修复技术联合发挥功效的潜力。已有研究表明，Tween80 的加入可使土壤中 PAHs 的降解速率较无 Tween80 提高至少 30%[57]。然而，由于表面活性剂本身也具备一定生物毒性，Laha 和 Luthy[58]发现当表面活性剂浓度过高时(一般大于 CMC)，其会对土壤中混合菌对菲的矿化产生抑制作用；Richard 等[59]同样认为表面活性剂浓度高于 CMC 时可降低 PAHs 的生物有效性，反之则升高；因此，在化学-生物联合修复技术中，对表面活性剂用量的把握尤为重要。为探明表面活性剂浓度与有机污染物生物降解速率的关系，孙璐和朱利中[60]考察了不同配比下 SDS-Tween80 与 SDS-TX100 混合表面活性剂体系浓度对黑麦草吸收芘和菲能力的影响。结果表明，当阴/非配比为 9:1、混合表面活性剂体系浓度接近 CMC 时，其促进作用最明显，此时黑麦草根中芘和菲的最大浓度分别是无表面活性剂对照处理的 8.16 倍和 216 倍。

1.2.2 表面活性剂改性膨润土污染控制技术

1) 膨润土及其性质

膨润土作为一种非金属黏土矿物，又称为斑脱岩，于 20 世纪末初次在法国的蒙莫里永（Montmorillon）地区被发现。蒙脱石是膨润土的主要构成，表面呈黄绿色，吸水后不断膨胀。如图 1-5 所示，蒙脱石是由两个硅氧四面体夹一层铝氧八面体构成的 2∶1 型三层片状结构矿物，主要含有水铝硅酸盐，层间分布着 Na^+、Cu^{2+}、K^+、Mg^{2+} 等阳离子，例如，其分子式可表述为 $(1/2Ca,Na)_{0.7}(Al,Mg,Fe)_4(Si,Al)_8O_{20}(OH)_4 \cdot nH_2O$，根据膨润土中的钠离子、钙离子的含量，膨润土可分为钠基膨润土和钙基膨润土两类[61]。钙离子、钠离子分别与水分子结合后，膨润土层间的高度增加为 0.5～0.6nm 和 0.25～0.30nm[62]。同时，外界阳离子可通过一定的方式进入膨润土层间达到电荷平衡，这是由于蒙脱石层间大量 Na^+、Cu^{2+}、K^+、Mg^{2+} 等的存在，导致蒙脱石结构不稳定，引起膨润土层间负电荷过多。当阳离子的浓度在一定范围内时，其与膨润土的阳离子交换容量（cationic exchange capacity，CEC）呈正相关；当阳离子的浓度相同时，阳离子在膨润土中的交换容量与阳离子的水化半径呈负相关，即阳离子交换能力随水合离子半径减小而增强，其交换顺序为 $Li^+ < Na^+ < K^+ < Mg^{2+} < Ca^{2+}$[63]。

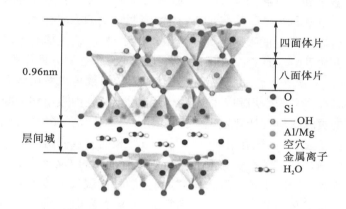

图 1-5　蒙脱石矿物晶体结构（后附彩图）

　　因为膨润土的特殊结构，其吸水性和膨胀性都较强，可吸附水量能达到自身体积的 8～15 倍，而体积最大可膨胀至 30 倍。膨润土胶体水溶液具有润滑性、触变性和阻燃性，可以用于悬浮灭火；膨润土阳离子交换能力强，可应用于食油毒素的处理、汽油和石油的提纯以及有机物污染物的吸附；膨润土吸附性能优良，可以吸附的有机物的质量为自身质量的 5 倍；膨润土经常作为添加剂与泥沙、水等混合，混合后硬化能力增强，可在钻井泥浆中使用。

　　2) 有机膨润土及其吸附性能

　　膨润土层间的 Na^+、Cu^{2+}、K^+、Mg^{2+} 等离子与表面活性剂阳离子交换后，膨润土表面的亲水性不断减弱，疏水性不断加强[63]，层间距不断增大，且吸附能力提高，疏水性物质在有机膨润土上的吸附量是未改性土的数十倍乃至数百倍[64,65]，目前有机膨润土已经广泛应用于环境中污染物的吸附处理。

　　Jordan[66] 等首次在 1949 年研究有机黏土的膨胀性及黏土从亲水性到疏水性性质转化

的程度。有机疏水膨润土通过膨润土与不同脂肪族铵盐反应得到，将其投入不同有机溶液或者混合有机溶液中，得出溶剂化程度至少与三个因素有关：①黏土颗粒表面有机物覆盖程度；②黏土与阳离子交换饱和程度；③有机溶液本身的性质的结论。

吸附结果表明，有机膨润土对有机物的吸附能力比原土强，是原土的几十倍[67,68]。Smith 和 Galan[69]探讨了有机膨润土的吸附机理，首次对双阳离子表面活性剂改性膨润土对有机溶剂的吸附行为进行研究。研究发现短碳链阳离子表面活性剂(TMA^+，TEA^+，$BTEA^+$)改性膨润土可作为吸附剂去除水中的有机物；长碳链阳离子表面活性剂($ODTMA^+$，$DTMA^+$，$TDTMA^+$，$HDTMA^+$，$DDTM^+$)改性膨润土通过分配作用去除水中的有机物。有机膨润土吸附过程同时存在表面吸附作用和分配作用，且表面吸附作用造成的有机物吸附量大于分配作用。有机物含量低时，双阳离子表面活性剂有机膨润土在低浓度有机溶液中的吸附能力比常规膨润土强；在有机含量较高的溶液中，分配作用占主导且不受竞争吸附的影响。

Lee 等[70]制备了四甲基胺(TMA)改性膨润土并研究其对水中芳香族化合物的吸附过程，结果发现苯、甲苯和对二甲苯在 TMA 改性膨润土上的吸附行为主要为非线性吸附，与其在 CTAB 改性膨润土上的吸附行为不一致。说明 TMA 改性膨润土对芳香族化合物的吸附机理主要为表面吸附，而 CTAB 改性膨润土表现出较强的分配作用。Zhu 等[71]、Zhu和 Chen[72]制备了双阳离子复合有机膨润土，从吸附等温线可以看出该有机膨润土在吸附有机物过程中同时存在分配作用和表面吸附作用。通过对表面吸附和分配作用两种吸附机理在吸附过程中的贡献率进行计算发现，在低浓度时，双阳离子复合有机膨润土主要表现为表面吸附作用；高浓度时，分配作用占主导。研究表明复合有机膨润土对水中有机污染物的吸附有协同吸附，提高了有机膨润土对疏水性有机物的去除效果。

随着对有机膨润土吸附机理的深入研究，研究学者发现长碳链有机离子改性有机膨润土吸附水中有机污染物的有机碳标化分配系数(K_{oc})随着表面活性剂在膨润土上的负载量不断变化。Smith 等[64]制备了链长不一的长碳链季铵盐改性膨润土，发现 K_{oc} 值随着链长的增加不断增大，即有机相分配能力逐渐加强。研究发现矿物质类型对 K_{oc} 值的影响较大，其变化与有机膨润土层间阻力有关，即层间距较小时，有机物吸附在膨润土表面而非进入层间，随着层间距不断增大，有机物在层间和表面同时存在，即加强了吸附能力[73-75]。同时，高负载量表面活性剂改性膨润土由于具有较高堆垛密度的有机阳离子而形成更强的有机分配相，引起吸附能力的增强[76]。Zhu 等[77]发现吸附了表面活性剂的矿物在吸附有机污染物过程中，其吸附系数(K_{ss})与 MP^+ 负载量紧密相关，平衡吸附前，K_{ss} 值随表面活性剂负载量的增加而增大，随后呈现下降趋势，且 K_{ss} 的值比表面活性剂胶束在矿物质上的 K_{mc} 值和有机污染物在改性膨润土上的 K_{oc} 值都要大。由于吸附在膨润土层间的阳离子表面活性剂具有非均质性，Zhu 等还提出了"吸附-结构模型"。阳离子负载量较低时，膨润土对有机物主要为表面吸附作用，这是由于阳离子与膨润土层间的硅氧烷表面形成一层薄膜；负载量较高且 K_{ss} 值较大时，表面吸附薄膜逐渐转变为有机分配相；负载量适中且 K_{ss} 值较小时，表面吸附作用和分配作用同时存在。然而某些实验结果发现有机膨润土对有机物的吸附能力随改性剂的量的增加表现出先增后减的规律，"层间域有效空间"和"有机相堆垛密度"概念被提出[65, 78]。有机膨润土构-效关系受多因素的影响，Zhu 等[78]研究了温度和阳离子负载量对其造成的影响，结果表明阳离子负载量较低时，表现为表面吸附，并伴随着放热和熵增加过程；负载量较大时，分配作用占主导，并同时伴随着吸热和熵增加的过程。由此可知有机膨润土的吸附性能与黏土自身的性质、改性剂的种类及负载量和膨润土的电荷密度等相关，所以可以制备出具有不同吸附功能的有机膨润土并将其应用于各个环境污染控制与修复领域。

目前，有机分子/离子在膨润土层间的排列方向及排列模式引起了广泛关注，研究学者提出了一系列排列模式[79-83]。Lagaly[81]等提出烷基铵离子在黏土层间的排列与层间阳离子的密度(ξ)和烷基链长度有关。短烷基铵离子在层间为平卧单层(lateral monolayer，LM)($d_{001}=1.36$ nm)，长烷基铵离子在层间为平卧双层(lateral bilayer，LB)($d_{001}=1.77$ nm)，然而假三层(pseudo-trilayer，PT)、倾斜单层(paraffin-type monolayer，PM)、倾斜双层(paraffin-type bilayer，PB)等排列模式仅在高电荷含量的蒙脱石中可被观察[79,80]。Zhu 等[84]采用 HDTMA$^+$改性膨润土研究阳离子表面活性剂 HDTMA$^+$在膨润土层间的排列模式，并通过傅里叶变换红外光谱法进行表征，发现有机阳离子在黏土层间的排列方向与有机阳离子的浓度有关，先前提出的 PT 和 PB 排列模式在低电荷密度情况下也能出现。随着有机阳离子负载量的增加，层间排列模式由 LM→LB→PM→PT→PB 逐渐变化，且电荷的异质性决定了层间阳离子排列模式由一种或几种模式共存。

目前有机膨润土被广泛应用于有机废水处理，能高效去除水中 HOCs，如染料、石油类、胺类、酚类等[71,85-87]。短碳链有机膨润土以表面吸附为主，适合低浓度、成分简单的有机废水的处理；而分配作用为长碳链有机膨润土主要吸附机理，适合高含量、多组分的有机废水的处理[88-90]。Akçay 和 Akçay[91]合成十二烷基胺改性膨润土并研究其对对位氯酚、对位硝基酚在不同浓度、温度下的吸附行为。研究表明有机物在改性膨润土上的吸附量与吸附剂-被吸附物、被吸附物-溶剂、被吸附物-被吸附物之间的相互作用有关。Nourmorsdi 等[92]制备聚乙二醇改性膨润土，研究其对水溶液中苯、甲苯、乙苯和二甲苯的吸附，考察了不同参数(表面活性剂负载速率、接触时间、pH、被吸附物浓度、离子强度和温度)对吸附的影响。发现改性膨润土的吸附能力与表面活性剂负载量呈正相关，即随表面活性剂的负载量增加逐渐增大(负载量<200% CEC)，对污染物的吸附能力大小为二甲苯>乙苯>甲苯>苯。吸附动力学可以用准二级动力学模型表示，热力学研究表明有机物在膨润土上的吸附过程为自发吸热过程，且高温有利于有机污染物的吸附。

1.3　表面活性剂及有机膨润土的回收利用

基于表面活性剂的污染控制技术在环境污染修复方面具有较好的应用前景，但目前仍缺乏简单、有效、环境友好的表面活性剂等活性组分的分离与回收利用方法，限制了其在污染土壤修复和废水处理方面的进一步应用。目前表面活性剂等活性组分，如 SER 技术中的表面活性剂、有机膨润土，主要分离手段包括物理和化学方法，上述措施存在过程烦琐、成本高和易产生二次污染等问题。因此，研究简单、高效且绿色的新型分离与回收利用方法对于基于表面活性剂的污染控制技术的推广应用意义重大。

1.3.1 表面活性剂的分离与回收

SER 技术实施过程中，往往需要大剂量高浓度地使用表面活性剂淋洗液，而在表面活性剂发挥完其特定的增溶洗脱功能后，若将含有有机污染物的淋洗液直接降解处理，会提高处理难度和成本，造成表面活性剂的浪费，并非一种有效、经济可行的方法。因此，为实现表面活性剂的回收与再利用，需考虑 SER 技术后期表面活性剂与污染物的有效分离问题。

有机污染物从表面活性剂溶液中的分离操作一般包括渗透蒸发[93]、有机溶剂萃取[94]、吹脱[95]、沉淀[96]等方法。然而，每一种方法皆有各自的优缺点，适用范围也存在差异，很难普及污染土壤修复过程。再者上述方法均需要特定的仪器、设备和场地，有的甚至需要额外投加药剂，这将导致分离过程操作烦琐、能耗高。例如，Cheng 等[97]研究发现，采用有机溶剂萃取对表面活性剂溶液中有机物进行分离，其中所选有机溶剂的当量烷基碳原子数必须远远高于目标有机物，才能使得其在表面活性剂溶液中的溶解度减少，同时提高其在溶剂中的溶解度。此外，为得到较高的萃取效率，有机溶剂的选取还应考虑表面活性剂本身浓度、增溶能力、溶液中无机盐含量以及溶剂/溶质的体积比。在萃取过程中，表面活性剂可能因分配作用而进入有机溶剂，或者有机溶剂也可能被表面活性剂增溶，这都将造成污染物萃取效率不高，从而导致表面活性剂回收率减少[26]。渗透蒸发主要利用气流或真空所造成的负压为推动力，使有机污染物分配通过疏水性膜从而达到与表面活性剂溶液分离的目的，所以此方法只适用于挥发性有机物的分离，并且在操作过程中，有机物的挥发不完会对疏水性膜产生阻力，使得膜发生破裂而影响分离效率[93]。

1.3.2 有机膨润土的再生

有机膨润土达到吸附平衡后，其无法再对有机物进行吸收，此时，如何将吸附态有机物进行解吸并且将有机膨润土进行再生，成了有机膨润土进一步应用的关键，也对降低废水处理成本和消除二次污染具有重要意义。现有的有机膨润土的再生方法主要包括：热力学再生[98]法、蒸汽再生法[99]、化学再生法[100]、电化学再生法[101,102]和生物再生法[103]。热力学再生法被认为是目前最常用的再生方法，各种改性膨润土的再生方法及其缺点如表 1-1 所示。

表 1-1　改性膨润土再生方法及其缺点

再生方法	缺陷
热力学再生法	高成本(再生温度在 700~1000℃)，吸附剂质量损失(10%~15%)，易造成二次污染，适用于大规模的污水处理(超出了污水处理运营量)
蒸汽再生法	破坏膨润土的结构，高温高压需要消耗更高的能量(超纯水 320℃，150 atm①)
化学再生法	脱附与萃取过程成本较高且再生效率在多次循环再生后通常低于 80%，难以应用于废水的原位吸附
生物再生法	微生物培养条件苛刻，再生周期长，且微生物易对环境造成其他难以估计的影响
电化学再生法	电能消耗大，对改性膨润土的结构也有影响

---

① 1atm=1.01325×10^{5}Pa。

　　Yang 等[104]对吸附了苯酚的 HDTMA+改性膨润土进行化学再生以及生物再生，发现生物再生法比化学再生法(改变 pH)效果好得多。生物再生法可以对 HDTMA 改性膨润土(0.3～0.7CEC)进行完全再生修复，且对苯酚的吸附去除效率无显著影响；化学再生法(再生剂 NaOH，pH = 11)不能对有机膨润土进行完全再生且经过四次吸附-脱附再生循环后，苯酚无法被吸附在膨润土上。Mohammed[105]发现电化学再生法相比于其他再生方法有更多的优势：小的吸附剂量损失、高的再生效率、负载了有机污染物的改性膨润土通过阳极氧化可以完全再生，并且电化学再生法可以应用于小型或者中型的污水处理设备。膨润土的再生目前虽在废水处理中有一定程度的应用，但其进一步的推广还需要更多的探索。

参 考 文 献

[1] 马玉新, 史风梅, 袁家淼. 水-土环境有机污染表面活性剂增效修复技术[J]. 青岛大学学报(工程技术版), 2005, 20 (4): 87-94.

[2] 顾惕人, 朱珬瑶, 李外郎, 等. 表面化学[M]. 北京: 科学出版社, 2001.

[3] Birdi K S. Handbook of surface and colloid chemistry[M]. New York: CRC Press, 1997.

[4] 郑忠, 胡纪华. 表面活性剂的物理化学原理[M]. 广州: 华南理工大学出版社, 1995.

[5] 赵国玺. 表面活性剂物理化学[M]. 北京: 北京大学出版社, 1984.

[6] Jawitz J W, Annable M D, Rao P S C, et al. Evaluation of remediation performance and cost for field-scale single-phase microemulsion (SPME) flushing[J]. Journal of Environmental Science and Health Part A Toxic/hazardous Substances and Environmental Engineering, 2001, 36 (8): 1437-1450.

[7] 岳钦艳, 刘玉真, 卢欢亮, 等. PDMDAAC 阳离子膨润土处理染料废水的研究[J]. 环境化学, 2004, 23 (1): 102-104.

[8] 朱利中, 陈宝梁, 李铭霞, 等. 双阳离子有机膨润土吸附水中有机物的特征及机理研究[J]. 环境科学学报, 1999, 19(6):597-603.

[9] Alkaram U F, Mukhlis A A, Al-Dujaili A H. The removal of phenol from aqueous solutions by adsorption using surfactant-modified bentonite and kaolinite[J]. Journal of Hazardous Materials, 2009, 169 (1): 324-332.

[10] Li Y X, Holmberg K, Bordes R. Micellization of true amphoteric surfactants[J]. Journal of Colloid and Interface Science, 2013, 411 (411C): 47-52.

[11] Qin Y, Zhang G Y, Kang B, et al. Primary aerobic biodegradation of cationic and amphoteric surfactants[J]. Journal of Surfactants and Detergents, 2005, 8 (1): 55-58.

[12] 田森林, 牛艳华, 李光, 等. 典型多环芳烃电化学可逆增溶作用研究[J]. 上海师范大学学报(自然科学版), 2011, 40 (6): 557-561.

[13] 赵世民. 表面活性剂:原理、合成、测定及应用[M]. 北京: 中国石化出版社, 2005.

[14] Rosen M J, Hua X Y. Dynamic surface tension of aqueous surfactant solutions: 2. Parameters at 1 s and at mesoequilibrium[J]. Journal of Colloid and Interface Science, 1990, 139(2): 397-407.

[15] 杨继生. 表面活性剂原理与应用[M]. 南京: 东南大学出版社, 2012.

[16] Grimberg S J, Aitken M D, Stringfellow W T. The influence of a surfactant on the rate of phenanthrene mass transfer into water[J]. Water Science and Technology, 1994, 30(7): 23-30.

[17] 肖进新, 赵振国. 表面活性剂应用原理[M]. 北京: 化学工业出版社, 2003.

[18] Mulligan C N. Environmental applications for biosurfactants[J]. Environmental Pollution, 2005, 133 (2): 183-198.

[19] 赵剑曦. 低聚表面活性剂—两亲分子表面活性的突破[J]. 日用化学工业, 2000, 30(2):20-23.

[20] 许虎君, 吕春绪, 梁金龙. 十六烷基二苯醚二磺酸钠表面化学性质及胶团化作用[J]. 物理化学学报, 2005, 21 (11): 1240-1243.

[21] Liu Z B, Laha S, Luthy R G. Surfactant solubilization of polycyclic aromatic hydrocarbon compounds in soil-water suspensions[J]. Water Science & Technology, 1991, 23(1-3): 475-485.

[22] Zhao B W, Zhu L Z, Yang K. Solubilization of DNAPLs by mixed surfactant: reduction in partitioning losses of nonionic surfactant[J]. Chemosphere, 2006, 62 (5): 772-779.

[23] Nunez A, Hammond G S, Weiss R G. Liquid crystalline solvents as mechanistic probes. 47. Investigation of the modes of solubilization and Norrish II photoreactivity of 2- and sym-n-alkanones in the solid phases of n-heneicosane and two homologs[J]. Journal of the American Chemical Society, 1992, 114 (26): 10258-10271.

[24] Kile D E, Chiou C T. Water solubility enhancements of DDT and trichlorobenzene by some surfactants below and above the critical micelle concentration[J]. Environmental Science Technology, 1989, 23 (7): 832-838.

[25] Doong R A, Wu Y W, Lei W G. Surfactant enhanced remediation of cadmium contaminated soils[J]. Water Science and Technology, 1998, 37 (8): 65-71.

[26] Delshad M, Pope G A, Sepehrnoori K. A compositional simulator for modeling surfactant enhanced aquifer remediation, 1 formulation[J]. Journal of Contaminant Hydrology, 1996, 23 (4): 303-327.

[27] Nivas B T, Sabatini D A, Shiau B J, et al. Surfactant enhanced remediation of subsurface chromium contamination[J]. Water Research, 1996, 30 (3): 511-520.

[28] Zhao Y S, Li L L, Yan S, et al. Laboratory evaluation of the use of solvent extraction for separation of hydrophobic organic contaminants from surfactant solutions during surfactant-enhanced aquifer remediation[J]. Separation and Purification Technology, 2014, 127 (1): 53-60.

[29] Iglesias O, Sanromán M A, Pazos M. Surfactant-enhanced solubilization and simultaneous degradation of phenanthrene in marine sediment by electro-fenton treatment[J]. Industrial and Engineering Chemistry Research, 2014, 53 (8): 2917–2923.

[30] Mao X H, Jiang R, Xiao W, et al. Use of surfactants for the remediation of contaminated soils: a review[J]. Journal of Hazardous Materials, 2015, 285: 419-435.

[31] Liao C J, Liang X J, Lu G N, et al. Effect of surfactant amendment to PAHs-contaminated soil for phytoremediation by maize (Zea mays L.) [J]. Ecotoxicology and Environmental Safety, 2015, 112:1-6.

[32] Zhu H B, Aitken M D. Surfactant-enhanced desorption and biodegradation of polycyclic aromatic hydrocarbons in contaminated soil[J]. Environmental Science and Technology, 2010, 44 (19): 7260-7265.

[33] 邓军. 表面活性剂和环糊精对土壤有机污染物的增溶作用及机理[D]. 长沙: 湖南大学, 2007.

[34] EPA. Treament technologies for site cleanup: Annual status report[R]. Office of Soild Waste and Emergency Response, Washington DC, 2004.

[35] Boulding J R. Pump-and-treat ground-water remediation: a guide for decision makers and practitioners[R]. Office of Research and Development, U.S.EPA, 1996.

[36] Sabatini D A, Knox R C, Harwell J H. Surfactant-enhanced subsurface remediation: emerging technologies[M]. Washington DC: American Chemical Society, 1995.

[37] 陈宝梁. 表面活性剂在土壤有机污染修复中的作用及机理[D]. 杭州: 浙江大学, 2004.

[38] Harendra S, Vipulanandan C. Degradation of high concentrations of PCE solubilized in SDS and biosurfactant with Fe/Ni bi-metallic particles[J]. Colloids and Surfaces A Physicochemical and Engineering Aspects, 2008, 322（1）: 6-13.

[39] Harendra S, Vipulanandan C. Solubilization and degradation of perchloroethylene（PCE）in cationic and nonionic surfactant solutions[J]. Journal of Environmental Sciences, 2011, 23（8）: 1240-1248.

[40] Shigendo A, Hiroshi T. Equilibrium distribution of aromatic compounds between aqueous solution and coacervate of nonionic surfactants[J]. Separation Science and Technology, 2006, 31（3）: 401-412.

[41] Schramm K W, Wu W Z, Henkelmann B, et al. Influence of linear alkylbenzene sulfonate（LAS）as organic cosolvent on leaching behaviour of PCDD/Fs from fly ash and soil[J]. Chemosphere, 1995, 31（6）: 3445-3453.

[42] Wolf W D, Feijtel T. Terrestrial risk assessment for linear alkyl benzene sulfonate（LAS）in sludge-amended soils[J]. Chemosphere, 1998, 36（6）: 1319-1343.

[43] Qu Z Q, Jia L Q, He Y W, et al. Adsorption behaviour and its mechanism of linear alkylbenzene sulphonate（LAS）on soils[J]. Chinese Journal of Applied Ecology, 1995.

[44] 陈宝梁, 李菱, 朱利中. SDBS 在潮土/膨润土上的吸附行为及影响因素[J]. 浙江大学学报（理学版）, 2007, 34(2): 214-218.

[45] Bae S, Mannan M B, Lee W. Adsorption of cationic cetylpyridinium chloride on pyrite surface[J]. Journal of Industrial and Engineering Chemistry, 2012, 18（4）: 1482-1488.

[46] 刘小琴. 表面活性剂对受污染土壤修复的试验研究[J]. 天津城市建设学院学报, 2002, 8（1）: 18-22.

[47] 王毅, 冯辉霞, 杨瑞成, 等. 十六烷基氯化吡啶改性膨润土的制备及表征[J]. 中国非金属矿工业导刊, 2006,（2）: 25-28.

[48] 杨建, 陈家军, 李合莲, 等. 基于孔隙网络模型的表面活性剂去除 LNAPLs 作用力分析[J]. 环境科学学报, 2009, 29(8): 1684-1689.

[49] Mulligan C N, Eftekhari F. Remediation with surfactant foam of PCP-contaminated soil[J]. Engineering Geology, 2003, 70（3-4）: 269-279.

[50] Qi W B, Zhu L Z. Spectrophotometric determination of trace amounts of cadmium and zinc in waste water with 4-（2-pyridylazo）-resorcinol and mixed ionic and non-ionic surfactants[J]. Talanta, 1985, 32（10）: 1013-1015.

[51] Zhu L Z, Chiou C T. Water solubility enhancements of pyrene by single and mixed surfactant solutions[J]. 环境科学学报: 英文版, 2001, 13（4）: 491-496.

[52] Mohamed A, Mahfoodh A S M. Solubilization of naphthalene and pyrene by sodium dodecyl sulfate（SDS）and polyoxyethylenesorbitan monooleate（Tween 80）mixed micelles[J]. Colloids and Surfaces A: Physicochemical and Engineering Aspects, 2006, 287（1-3）: 44-50.

[53] Parfitt R L, Whitton J S, Susarla S. Removal of DDT residues from soil by leaching with surfactants[J]. Communications in Soil Science and Plant Analysis, 2008, 26（13-14）: 2231-2241.

[54] Dar A A, Rather G M, Das A R. Mixed micelle formation and solubilization behavior toward polycyclic aromatic hydrocarbons of binary and ternary cationic-nonionic surfactant mixtures[J]. Journal of Physical Chemistry B, 2007, 111（12）: 3122-3132.

[55] 陈宝梁, 马战宇, 朱利中. 表面活性剂对苊的增溶作用及应用初探[J]. 环境化学, 2003, 22（1）: 53-58.

[56] Zhang Y X, Zhao Y, Zhu Y, et al. Adsorption of mixed cationic-nonionic surfactant and its effect on bentonite structure[J]. Journal of Environmental Sciences , 2012, 24（8）: 1525-1532.

[57] 高彦征. 土壤多环芳烃污染植物修复及强化的新技术原理研究[D]. 杭州: 浙江大学, 2004.

[58] Laha S, Luthy R G. Inhibition of phenanthrene mineralization by nonionic surfactants in soil-water systems[J]. Environmental Science and Technology, 1991, 25（11）: 1920-1930.

[59] Richard C, Balavoine F, Schultz P, et al. Supramolecular self-assembly of lipid derivatives on carbon nanotubes[J]. Science, 2003, 300（5620）: 775-778.

[60] 孙璐, 朱利中. 阴-非离子混合表面活性剂对黑麦草吸收菲和芘的影响[J]. 科学通报, 2008, （15）: 1774-1779.

[61] 王鸿禧. 膨润土[M]. 北京: 地质出版社, 1980.

[62] 朱利中, 陈宝梁. 有机膨润土及其在污染控制中的应用[M]. 北京: 科学出版社, 2006.

[63] Zhu L Z, Ren X G, Yu S B. Use of cetyltrimethylammonium bromide-bentonite to remove organic contaminants of varying polar character from water[J]. Environmental Science and Technology, 1998, 32(21): 3374-3378.

[64] Smith J A, Jaffe P R, Chiou C T. Effect of ten quaternary ammonium cations on tetrachloromethane sorption to clay from water[J]. Environmental Science and Technology, 1990, 24(8): 1167-1172.

[65] Ma J F, Zhu L Z. Removal of phenols from water accompanied with synthesis of organobentonite in one-step process[J]. Chemosphere, 2007, 68(10): 1883-1888.

[66] Jordan J W. Organophilic Bentonites. I. Swelling in organic liquids[J]. Journal of Physical and Colloid Chemistry, 1949, 53(2): 294-306.

[67] Alkaram U F, Mukhlis A A, Al-dujaili A H. The removal of phenol from aqueous solutions by adsorption using surfactant-modified bentonite and kaolinite[J]. Journal of Hazardous Materials, 2009, 169(1-3): 324-332.

[68] Barrer R M, Macleod D M. Intercalation and sorption by montmorillonite[J]. Transactions of the Faraday Society, 1954, 6(50): 980.

[69] Smith J A, Galan A. Sorption of nonionic organic contaminants to single and dual organic cation bentonites from water[J]. Environmental Science and Technology, 1995, 29(3): 685-692.

[70] Lee J H, Song D I, Jeon Y W. Adsorption of organic phenojs onto dual organic cation montmorillonite from water[J]. Separation Science and Technology, 1997, 32(12): 1975-1992.

[71] Zhu L Z, Chen B L, Shen X Y. Sorption of Phenol, p-nitrophenol, and aniline to dual-cation organobentonites from water[J]. Environmental Science and Technology, 2000, 34 (3):468-475.

[72] Zhu L Z, Chen B L. Sorption behavior of p-nitrophenol on the interface between anion-cation organobentonite and water[J]. Environmental Science and Technology, 2000, 34 (14): 2997-3002.

[73] Jaynes W F, Boyd S A. Clay mineral type and organic compound sorption by hexadecyltrimethlyammonium-exchanged clays[J]. Soil Science Society of America Journal, 1991, 55(1): 43-48.

[74] Sheng G Y, Xu S H, Boyd S A. Mechanism(s) controlling sorption of neutral organic contaminants by surfactant-derived and natural organic matter[J]. Environmental Science and Technology, 1996, 30(5): 1553-1557.

[75] Sheng G Y, Xu S H, Boyd S A. Cosorption of organic contaminants from water by hexadecyltrimethylammonium-exchanged clays[J]. Water Research, 1996, 30(6): 1483-1489.

[76] Bartelt-hunt S L, Burns S E, Smith J A. Nonionic organic solute sorption onto two organobentonites as a function of organic-carbon content[J]. Journal of Colloid and Interface Science,2003,266(2): 251-258.

[77] Zhu L Z, Chen B L, Tao S, et al. Interactions of organic contaminants with mineral-adsorbed surfactants[J]. Environmental Science and Technology, 2003, 37(17): 4001-4006.

[78] Zhu J X, Zhu L Z, Zhu R L, et al. Microstructure of organo-bentonites in water and the effect of steric hindrance on the uptake of organic compounds[J]. Clays and Clay Minerals, 2008, 56(2): 144-154.

[79] Vala R A, Teukolsky R K, Giannelis E P. Interlayer structure and molecular environment of alkylammonium layered Silicates[J].

Chemistry of Materials, 1994, 6(7): 1017-1022.

[80] Beneke K, Lagaly G. The brittle mica-like kniaso4 and its organic derivatives[J]. Clay Minerals, 1982, 17(2): 175-183.

[81] Lagaly G. Characterization of clays by organic compounds[J]. Clay Minerals, 1981, 16(1): 1-21.

[82] Tamura K, Nakazawa H. Intercalation of n-Alkyltrimethylammonium into swelling fluoro-mica[J]. Clays and Clay Minerals, 1996, 44(4): 501-505.

[83] Klapyta Z, Fujita T, Iyi N. Adsorption of dodecyl- and octadecyltrimethylammonium ions on a smectite and synthetic micas[J]. Applied Clay Science, 2001, 19(1-6): 5-10.

[84] Zhu J X, He H P, Guo J G, et al. Arrangement models of alkylammonium cations in the interlayer of HDTMA$^+$ pillared montmorillonites[J]. Chinese Science Bulletin, 2003, 48(4): 368-372.

[85] Ho Y S, Mckay G. Sorption of dye from aqueous solution by peat[J]. Chemical Engineering Journal, 1998, 70(2): 115-124.

[86] Vijayalakshmi P, Bala V S S, Thiruvengadaravi K V, et al. Removal of acid violet 17 from aqueous solutions by adsorption onto activated carbon prepared from pistachio nut shell[J]. Separation Science and Technology, 2010, 46(1): 155-163.

[87] Özcan A S, Erden B, Özcan A. Adsorption of Acid Blue 193 from aqueous solutions onto Na-bentonite and DTMA-bentonite[J]. Journal of Colloid and Interface Science, 2004, 280(1): 44-54.

[88] Rawajfih Z, Nsour N. Characteristics of phenol and chlorinated phenols sorption onto surfactant-modified bentonite[J]. Journal of Colloid and Interface Science, 2006, 298(1): 39-49.

[89] Ruan X X, Zhu L Z, Chen B L. Adsorptive characteristics of the siloxane surfaces of reduced-charge bentonites saturated with tetramethylammonium cation[J]. Environmental Science and Technology, 2008, 42(21): 7911-7917.

[90] Shen Y H. Phenol sorption by organoclays having different charge characteristics[J]. Colloids and Surfaces A Physicochemical and Engineering Aspects, 2004, 232(2-3): 143-149.

[91] Akçay M, Akçay G. The removal of phenolic compounds from aqueous solutions by organophilic bentonite[J]. Journal of Hazardous Materials, 2004, 113(1-3): 189-193.

[92] Nourmorsdi H, Nikaeen M, Khiadani M. Removal of benzene, toluene, ethylbenzene and xylene (BTEX) from aqueous solutions by montmorillonite modified with nonionic surfactant: Equilibrium, kinetic and thermodynamic study[J]. Chemical Engineering Journal, 2012, 191(19): 341-348.

[93] Vane L M, Alvarez F R. Full-scale vibrating pervaporation membrane unit: VOC removal from water and surfactant solutions[J]. Journal of Membrane Science, 2002, 202 (1-2): 177-193.

[94] Lee D H, Cody R D, Kim D J. Surfactant recycling by solvent extraction in surfactant-aided remediation[J]. Separation and Purification Technology, 2002, 27 (1): 77-82.

[95] Sabatini D A, Harwell J H, Hasegawa M, et al. Membrane processes and surfactant-enhanced subsurface remediation: results of a field demonstration[J]. Journal of Membrane Science, 1998, 151 (1): 87-98.

[96] Kumpabooth K, Scamehorn J F, Osuwan S, et al. Surfactant recovery from water using foam fractionation: effect of temperature and added salt[J]. Separation Science and Technology, 1999, 34 (2): 157-172.

[97] Cheng H, Sabatini D A, Kibbey T C. Solvent extraction for separating micellar-solubilized contaminants and anionic surfactants[J]. Environmental Science and Technology, 2001, 35 (14): 2995-3001.

[98] Sheintuch M, Matatov-Meytal Y I. Comparison of catalytic processes with other regeneration methods of activated carbon[J]. Catalysis Today, 1999, 53(1): 73-80.

[99] Mishra V S, Mahajani V V, Joshi J B. Wet air oxidation[J]. Industrial and Engineering Chemistry Research, 1995, 34(1): 2-48.

[100] Ferro-Garcia M A, Rivera-Utrilla J, Bautista-Toledo I, et al. Chemical and thermal regeneration of an activated carbon saturated with chlorophenols[J]. Journal of Chemical Technology and Biotechnology Biotechnology, 1996, 67(2): 183-189.

[101] Asghar H M A, Hussain S N, Roberts E P L, et al. Pre-treatment of adsorbents for waste water treatment using adsorption coupled-with electrochemical regeneration[J]. Journal of Industrial and Engineering Chemistry, 2013, 19(5): 1689-1696.

[102] Narbaitz R M, Cen J Q. Electrochemical regeneration of granular activated carbon[J]. Water Research, 1994, 28(8): 1771-1778.

[103] Nakano Y, Li Q H, Nishijima W, et al. Biodegradation of trichloroethylene (TCE) adsorbed on granular activated carbon (GAC)[J]. Water Research, 2000, 34(17): 4139-4142.

[104] Yang L Y, Zhou Z, Xiao L, et al. Chemical and biological regeneration of HDTMA-modified montmorillonite after sorption with phenol[J]. Environmental Science and Technology, 2003, 37(21): 5057-5061.

[105] Mohammed F M. Modelling and design of water treatment processes using adsorption and electrochemical regeneration[J]. University of Manchester, 2011.

第2章 "开关"表面活性剂的分类及性质

制约 SER 技术进一步推广应用的主要因素是表面活性剂与污染物的分离及其回收利用难度大,且分离过程易导致二次污染。因此,若能使表面活性剂自发地对所增溶污染物进行释放,便可通过常规物理或化学手段将其与污染物分离,就能很好地解决上述问题。

近年来,为满足催化化学、材料制备、生物医药等领域对目标物质以及表面化学性质可逆控制的需求,"开关"表面活性剂[1]应运而生。作为一类新型表面活性剂,"开关"表面活性剂具备以下四个特征:①具有常规表面活性剂两亲分子基本结构,即具有两亲性;②含有可响应外环境刺激(温度、pH、电解质浓度、光照、氧化还原条件等)的特殊活性基团,可通过一定的诱导手段,使其两亲性、分子结构或者分子中某些基团发生明显变化;③这些变化进而可导致表面活性剂的表面活性,如表面张力、CMC、增溶作用、乳化作用等发生相应改变;④通过外界调控,"开关"表面活性剂的表面活性又能恢复至其初始状态,从而实现对其表面活性的可逆控制[2-4]。已有研究证明,"开关"表面活性剂胶束的形成与解散也能通过外界环境可逆调控,而 SER 技术主要发挥表面活性剂的胶束增溶作用,所以"开关"表面活性剂具有对增溶有机物自发释放的潜力。目前,已研究证实"开关"表面活性剂表面活性的调控可通过通入气体[5,6]、电化学作用[7]、光化学作用[8,9]、调节温度以及改变 pH[4]等多种方式实现。

2.1 氧化/还原型"开关"表面活性剂

氧化/还原型"开关"表面活性剂是指可通过改变其水溶液氧化还原条件,从而达到对其表面活性"开关"控制的一类表面活性剂。据报道,此类表面活性剂一般含有二茂铁基、紫精基、吩噻嗪基、N-烷化烟酰胺基等特殊基团,其共同特点是这些基团均具有良好的氧化/还原特性[10],能在特定条件下实现其氧化/还原状态的可逆转变,其中关于二茂铁基"开关"表面活性剂的研究较多。

二茂铁(ferrocene,Fc)分子结构如图 2-1 所示,分子式为 $Fe(C_5H_5)_2$,是一种具有芳香族性质的有机过渡金属化合物,呈橙黄色粉末状,不溶于水,其中一个铁原子处在两个平行的环戊二烯的环之间,形成夹心结构,并由于环戊二烯基负离子的存在,二茂铁的化学性质异常稳定。通过电化学氧化还原反应控制,可实现夹心层中的铁原子在 Fe^{2+} 与 Fe^{3+} 之间的可逆切换,从而使其具有良好的电化学可逆特性。

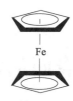

图 2-1 二茂铁分子结构图

王倩[11]利用二茂铁的化学稳定性，使其代替普通铁原子成为一种新型催化剂，参与非均相芬顿(Fenton)反应，并考察了其处理有机污染废水的性能。结果表明，二茂铁具有一定的催化活性，再加上氧化/还原可逆特性，通过得失电子，其可以加速催化 Fenton 体系中的 H_2O_2 分解产生羟基自由基，对废水中的亚甲基蓝具有氧化降解的效果，其降解性能优于普通铁矿石和 Fe_2O_3 等附体催化剂。二茂铁不溶于水，因此构建非均相 Fenton 反应体系时，无需复杂的载体制备过程以及引入紫外光和超声波等外部能量辅助，降低了能耗，节约了成本。

将二茂铁引入表面活性剂分子结构中，可使表面活性剂的表面活性在不同氧化/还原状态下发生相应的改变。1985 年，Saji 等[12]首次合成出含二茂铁基的阳离子"开关"表面活性剂十二烷基二甲基溴化铵(Fc12)，并观测到当其失去电子被氧化后，其粒径分布有所降低，可见通过电化学氧化可使该表面活性剂胶束解散。Li 等[13]进一步验证了含二茂铁基的表面活性剂具有这一性质，并且通过实验发现，Fc12 与十四烷基二甲基溴化铵(Fc14)对典型 VOCs 的增溶能力在氧化前后也会发生明显的变化，例如，经电化学氧化后，苯、甲苯、乙苯在 Fc14 溶液中的溶解度相较氧化前均降低了至少 30%。因此，对二茂铁改性可逆表面活性剂而言，其还原态为表面活性状态，氧化态为非活性态。

Long 等[14]以非离子氧化/还原型"开关"表面活性剂十一烷基二茂铁聚氧乙烯醚(FPEG)为研究对象，探讨了其中二茂铁基团氧化/还原状态的变化对其表面活性的影响。FPEG 氧化/还原可逆过程如图 2-2 所示，在还原态时，其疏水碳链顶端为水溶性较差的二价二茂铁基；经氧化后，夹心铁原子失去 1 个电子，二茂铁基团由二价疏水基变为三价亲水基，此时 FPEG 两头都拥有亲水头基，疏水碳链的亲油性弱化，导致表面活性减弱，表面张力增大。然而，当氧化态 FPEG 溶液浓度较高时，会产生压缩双电层作用，促使其单体聚集而形成胶束，因而氧化态 FPEG 溶液在一定程度上也具有降低表面张力的能力。

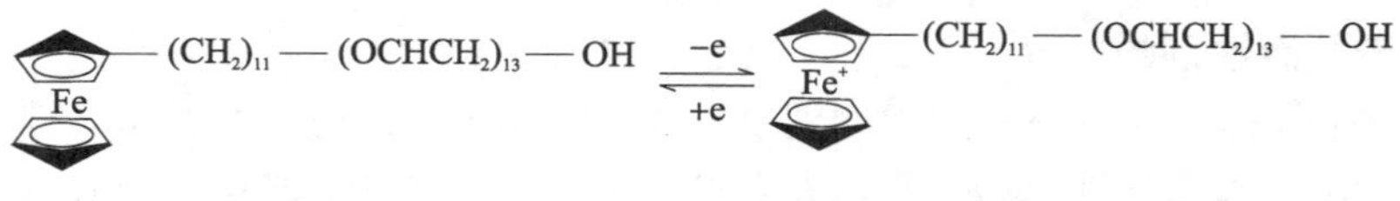

$$\underset{\text{Fe}}{\text{⬡}} - (CH_2)_{11} - (OCHCH_2)_{13} - OH \underset{+e}{\overset{-e}{\rightleftharpoons}} \underset{\text{Fe}^+}{\text{⬡}} - (CH_2)_{11} - (OCHCH_2)_{13} - OH$$

图 2-2 FPEG 氧化还原过程

为验证氧化/还原型"开关"表面活性剂是否能实际应用于 SER 技术，田森林等[15]对二茂铁改性表面活性剂十一烷基二茂铁三甲基溴化铵(FTMA)的表面活性以及增溶作用展开了系统的研究。结果表明，FTMA 同样是一种可通过改变其氧化还原条件对其表面活性可逆控制的表面活性剂,还原态 FTMA 的 CMC 为 0.6mmol/L,氧化态 FTMA 的 CMC 为 1.0mmol/L。动态光散射实验直接证实了 FTMA 经电化学氧化/还原可实现其胶束的解散与聚集,并且该变化过程是可逆的,FTMA 在氧化态与还原态之间的转化效率可达到 90%以上。同时,FTMA 还表现出了良好的增溶能力,当 FTMA 浓度为 2.0mmol/L 时,3 种典型 PAHs 菲、芘、苊的表观溶解度分别可提高 18.7 倍、25.0 倍和 3.6 倍,甚至高于相同浓度下常规阳离子表面活性剂 CTAB 的增溶能力,其中后者拥有与 FTMA 相同的亲水头基;然而,其氧化态 $FTMA^+$ 的增溶能力却要弱得多,这为控制 FTMA 对有机污染物的增溶与释放提供了可能。

作为一类新型的阳离子表面活性剂,FTMA 同样因吸附量大而导致其实际应用存在缺陷。然而,Long 等[16]发现 FTMA 可与常规非离子型表面活性剂非理想混合,所形成的阳-非混合表面活性剂体系一方面可增强还原态 FTMA 的增溶能力,另一方面还具备电化学氧化/还原特性,可使所增溶有机污染物经氧化后从 FTMA-Tween80 胶束中释放出来。在 FTMA 和 Tween80 形成的混合胶束中,FTMA 经可逆调控使得自身胶束解散,从而驱使 Tween80 的胶束也随之解散,氧化作用使得表面活性剂分子间静电斥力增强,导致 Tween80 即使在 CMC 以上也难以形成胶束,最终使整个混合体系的胶束增溶作用减弱。詹树娇[17]则以 FTMA 在土壤上的吸附为切入点,发现 FTMA 与常规阳离子表面活性剂在土壤上的吸附规律一致,其吸附机制主要为阳离子交换作用,且符合 Langmuir 吸附模型,以单分子层吸附为主。Tween80 的加入会使得两种表面活性剂产生吸附竞争,不仅降低了 FTMA 的吸附损失,同时还使 Tween80 的吸附量随 FTMA 浓度的增加而线性下降。由于 FTMA-Tween80 混合体系的实际吸附量小于单一表面活性剂理论吸附量之和,FTMA-Tween80 具有对有机污染土壤可逆增溶修复的潜力。淋洗实验研究表明,FTMA-Tween80 的确对 PAHs 污染土壤有良好的增溶洗脱效果,当体系中 FTMA 与 Tween80 的质量比为 1∶3 时,洗脱效果最好,此时苊、菲、芘的最大洗脱率分别为 42.5%、70%、81%。

2.2 CO_2/N_2 "开关"表面活性剂

CO_2/N_2 "开关"表面活性剂分子结构中含有可响应 CO_2 与 N_2 刺激的功能性基团,但是与氧化/还原型"开关"表面活性剂不同,此类表面活性剂主要是通过与气体发生可逆的化学反应,改变其自身水溶性,从而实现对表面活性可逆控制。根据活性基团的不同,目前常见的 CO_2/N_2 "开关"表面活性剂主要包括烷基脒类与烷基胍类等表面活性剂。

2.2.1 烷基脒类"开关"表面活性剂

烷基脒类化合物与 CO_2/N_2 的反应机理如图 2-3 所示,据 Liu 等[1]研究报道,N'-烷基-N, N-二甲基乙脒系列化合物本身不溶于水,但是当通入 CO_2 后,水中的脒基会与之发生反应生成相应的离子络合物烷基脒碳酸盐或碳酸氢盐而溶于水,此时脒基碳酸盐成为该络合物的亲水头基，使得其具备一定的表面活性。然而，在 65℃下通入 N_2/Ar 后，烷基脒碳酸盐解体，重新恢复为不溶于水的烷基脒单体，表面活性功能丧失。在适宜的温度与湿度条件下，该转换过程是可逆的。由于烷基脒类系列化合物只有在可溶解态时才具有类似常规表面活性剂的降低表面张力、形成胶束、增溶等功能，利用该特性，能实现通过气体控制其对所增溶物的释放。

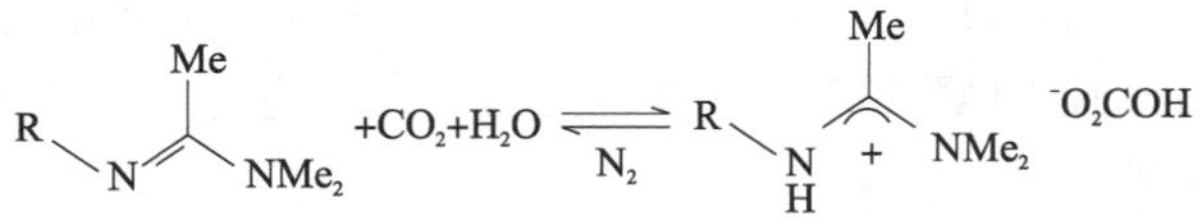

图 2-3　烷基脒类化合物与 CO_2/N_2 的可逆反应

　　近年来，烷基脒类尤其是长链烷基脒类"开关"表面活性剂已受到石油行业的广泛青睐。Liang 等[18]认为，当 CO_2 存在时，此类化合物能在不影响流体黏度的前提下，对原油的管道运输具有良好的油/水稳定作用，避免了管道阻塞、流速过慢等问题，促进了原油管道运输的发展。并且，在长链烷基脒类物质发挥完其特定作用以后，可通过鼓入惰性气体而产生去质子化作用，使得其失去表面活性且溶解度降低，所以又可采用常规物理分离手段将其回收以便再利用。

　　李英杰等[19]合成了 3 种不同碳链长度的 CO_2/N_2 型"开关"表面活性剂 N'-辛烷基-N, N-二甲基乙脒（ODAA）、N'-十二烷基-N, N-二甲基乙脒（DDAA）以及 N'-十六烷基-N, N-二甲基乙脒（HDAA），通入 CO_2 让其反应生成相应的碳酸盐，所得产物的 CMC 分别为 6.90mmol/L、0.50mmol/L 和 0.04mmol/L，对比发现仅为相同碳链长度直链季铵盐阳离子表面活性剂 CMC 的 1/40、1/30 和 1/25，表明烷基乙脒类碳酸盐具有良好的降低表面张力的能力，并推断其同样具备增溶作用的潜力。以 CMC 最低的 HDAA 为例，通入 CO_2 可使其电导率从 $60\mu S/cm$ 上升至 $160\mu S/cm$；随后通入空气，电导率又降低至原来的 $60\mu S/cm$，接近 100%的 HDAA 碳酸盐发生去质子化，表现出极好的可逆特性。

2.2.2　烷基胍类"开关"表面活性剂

　　与脒基类似，胍基也能与 CO_2 发生反应生成相应的碳酸盐，且胍具有比脒更加稳定的共轭结构，其质子化作用更强，因此将胍基嵌入烷烃链中也能合成一类 CO_2/N_2 型"开关"表面活性剂[20]。如图 2-4 所示，从结构上看，胍既可以称作亚胺脲，也可以为氨基甲酸脒，易溶于水，且呈强碱性。胍基化合物通常微量存在于动、植物体内，因此当胍上的氢被长链烷基取代时所形成的阳离子表面活性剂还具有一定生物活性。秦勇等[21]对烷基胍系列表面活性剂进行了系统的研究，验证了此类物质的表面活性可通过通入 CO_2/N_2 来进行调控，其在表面活性态和非活性态之间的转换耗时非常短，仅需 30min 便可完成一次可逆循环。

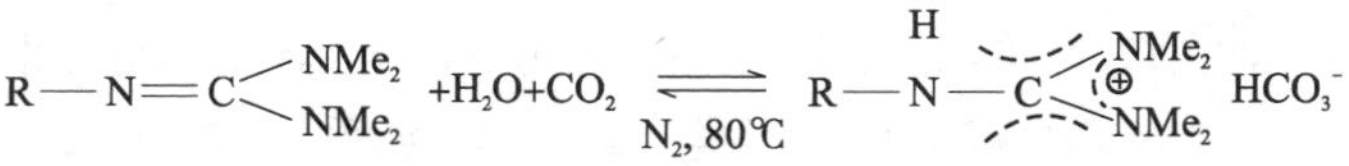

图 2-4　烷基胍类化合物与 CO_2/N_2 的可逆反应

Tian 等[22]以十二烷基四甲基胍(DTMG)为代表，研究了烷基胍类表面活性剂相关表面化学性质及其增溶作用，结果表明 DTMG 能与 CO_2 反应生成具有表面活性的 DTMG-CO_2 复合物，可逆调控过程中，DTMG-CO_2 最佳解体温度为 80℃。DTMG-CO_2、解体而成的 DTMG 以及再次与 CO_2 反应后形成的 DTMG-CO_2 的 CMC 分别为 0.40mmol/L、1.50mmol/L 和 0.38mmol/L，表面活性在调控前后变化明显，并且可逆。活性状态下，DTMG-CO_2 对 PAHs 具有显著的增溶作用，如当其浓度为 4mmol/L 时，溶液中芘、菲、蒽的溶解度分别可比其在水中增大 32.4 倍、17.1 倍和 14.6 倍，与相同碳链长度的常规表面活性剂 CTAB 相比，DTMG-CO_2 的增溶能力更强。与其他可逆表面活性剂一样，当 DTMG-CO_2 经过 N_2 调控解体以 DTMG 分子呈现时，胶束解散，同时释放所增溶的有机污染物，释放率高达 80%。何珊珊[23]为提高 DTMG-CO_2 的增溶能力，进一步优化了 DTMG-CO_2 增溶体系，采用常规非离子型表面活性剂 Tween80 与之混合形成 DTMG-CO_2/Tween80 混合表面活性剂体系。研究发现，不同质量配比下，DTMG-CO_2/Tween80 混合表面活性剂体系均能对 PAHs 产生显著的协同增溶作用，如当 DTMG-CO_2 与 Tween80 质量比为 3：7 时，混合表面活性剂体系对芘、菲、蒽的协同增溶作用分别为单一表面活性剂的 1.30 倍、1.05 倍和 1.20 倍。

除了上述两类 CO_2/N_2 "开关"表面活性剂外，研究者们还合成了不少可响应气体刺激的阴离子"开关"表面活性剂，用以对有机污染土壤进行修复，如 2-硝基对辛基酚钠、对辛基苯酸钠、月桂酸钠等，Ceschia 等[24]将它们成功应用于重油污染砂土的异位淋洗修复，发现修复效率几乎可与常规非离子型表面活性剂 TX100 相当；后续实验还证明，经 CO_2 调控后，约有 99.5%的"开关"表面活性剂因沉淀作用而析出，并伴随有 95%的重油与原溶液分离，但是与脒和胍刚好相反，此类表面活性剂在 CO_2 的刺激下会产生沉淀而丧失表面活性，不具备再生能力。

2.3 光化学"开关"表面活性剂

光化学"开关"表面活性又称为光敏型表面活性剂，其分子结构中含有某些可响应外光照刺激的光敏基团，如二苯乙烯基、偶氮苯基、蒽醌基、螺吡喃基等，能在特定波长光照下发生顺式-反式异构转变、光裂解、极性、聚合等变化，导致其表面张力、CMC、黏度等表面化学特征随之发生变化[9]。其中，光异构型表面活性剂研究起步较早、应用也最为广泛。此类表面活性剂发生作用的功能基团一般为二苯乙烯基或偶氮苯基，它们的光异构化过程如图 2-5 所示。

2.3.1 二苯乙烯类"开关"表面活性剂

此类表面活性剂分子结构中含有二苯乙烯基光敏基团，而且该基团一般嵌入在疏水碳链与亲水头基相结合的部位。经过合适波长的光照射，二苯乙烯基团发生顺式-反式可逆异构转变(图 2-6)，由图 2-6 可知，其顺式结构的疏水碳链更为拥挤，会使形成胶束时表面活性剂单体分子之间斥力增大，胶束形成更加困难；并且从疏水碳链有效长度来看，顺

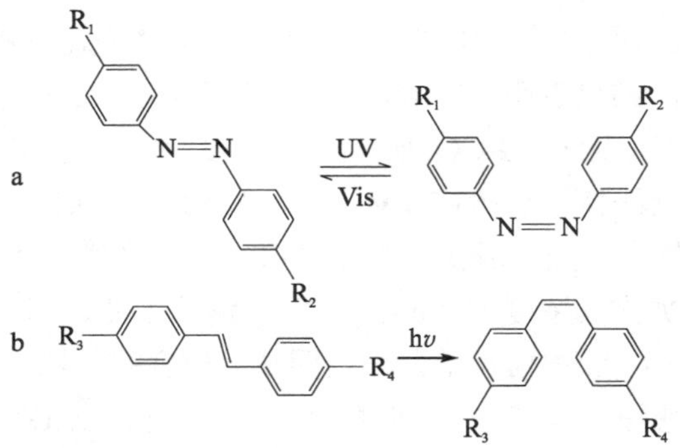

图 2-5　光化学"开关"表面活性剂光异构化过程

(a. 偶氮苯类"开关"表面活性剂；b. 二苯乙烯类"开关"表面活性剂)

式结构也不及其反式结构，导致顺式结构表面活性更低。因此二苯乙烯类"开关"表面活性剂的反式结构与顺式结构分别对应着表面活性剂的活性态与非活性态。然而，由于二苯乙烯类"开关"表面活性剂的顺反异构形态受到溶液浓度、温度等影响，且在水中溶解度低，其一般只能与常规表面活性剂混合，应用于液晶、微乳液体系以及 LB 膜性状改变等领域[25]。

　　此外，二苯乙烯类"开关"表面活性剂还具备光聚合的特性。Sanchez-Dominguez 等[26]研究发现，一类含有二苯乙烯基的双子表面活性剂在紫外光的照射下可发生二聚作用，如图 2-6 所示，其中双键打开并两两组成环状，由原本水溶性较差的囊泡状态转变为胶束，但是该过程不具备可逆特性。

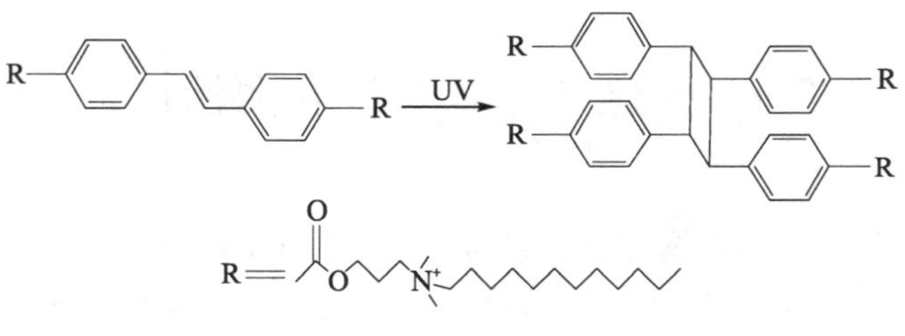

图 2-6　双子二苯乙烯光化学"开关"表面活性剂(SGP)的光二聚化过程

2.3.2　偶氮苯类"开关"表面活性剂

　　偶氮苯类"开关"表面活性剂在光照下发生顺反异构及其表面化学性质改变的原理皆与二苯乙烯类"开关"表面活性剂相似。Shinkai 等[27]率先提出，在表面活性剂疏水碳链中引入偶氮苯基团能有效地通过光照控制其亲水-亲油平衡。然而，与二苯乙烯类"开关"表面活性剂一样，偶氮苯类"开关"表面活性剂同样存在水溶解性差这一缺陷，严重地制约了其应用和推广。Hayashita 等[28]的研究很好地克服了这一缺点，并发现疏水碳链中乙氧基的存在能为其亲水头基提供良好的电离空间，增大其溶解度；同时疏水碳链的长度则会影响此类表面活性剂活性态与非活性态之间表面化学性质的差异。结果表明，当其疏水碳链碳原子数目为 2～6 时，经紫外光照射后转变而成的非活性态顺式结构 CMC 上升程度最高。

Kang 等[29]设计了一系列含偶氮苯基的阳离子表面活性剂 4-烷基偶氮苯-4'-乙氧基-2-羟基三甲基硫酸甲酯铵（AZMS-0、AZMS-1、AZMS-2、AZMS-4、AZMS-8），其中烷基分别为甲基、乙基、丁基和辛基。虽然这一系列表面活性剂分子结构各不相同，但是它们都表现出了相同的光化学可逆特性。顺反异构实验表明所有的反式 AZMS 表面活性剂都能在紫外光照射下发生异构反应，且 350nm 为最佳光照波长，此时光异构转化率约为 93%，而由顺式转化为反式结构所需波长 $\lambda > 445$nm。

Shin 和 Abbott[30]对一种含偶氮苯基的双子阳离子表面活性剂（BTHA）进行了研究，发现 BTHA 在活性态和非活性态时，其表面张力、CMC、HLB 等表面活性特征均发生了明显的变化，并且认为表面活性剂的异构化速率只与光照能量有关，能量越强，异构化速率越快、异构化进程越彻底，其光异构化过程如图 2-7 所示。Shang 等[31]通过对含偶氮苯基的非离子型表面活性剂异构现象的观测，证实了这一观点，并进一步阐明此类表面活性剂主要是通过化学键的旋转来实现其由反式结构转化为顺式结构，然而由顺式结构转化为反式结构则是依靠此键的反向旋转作用，在相同光密度下，反向旋转的速度较慢，达到光稳定状态所需时间更长。

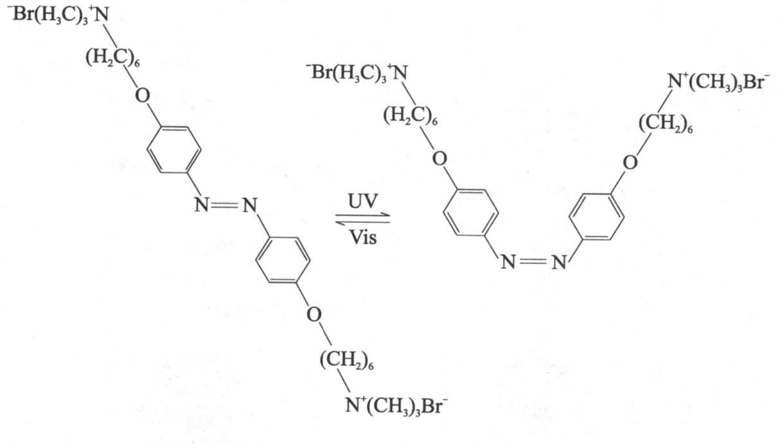

图 2-7　双子阳离子表面活性剂（BTHA）光异构化过程

目前，偶氮苯类"开关"表面活性剂主要应用于医药和生命科学领域[32]。其在溶液中形成的囊泡能在光作用下发生裂解，利用光照控制其定时、定量、准确地对药物进行释放，不仅可以提高药物治疗的准确性，还可以降低药物因作用部位不准确所带来的成本浪费和副作用。由于具备光照可控可逆的特性，此类表面活性剂也可应用于 DNA 的传递和蛋白质的折叠等方面的研究，其能有效提高 DNA 传递的高效性和准确性，为 DNA 释放到活体细胞中提供了可能。例如，Alarcón 等[33]采用含偶氮苯基的阳离子表面活性剂在溶液中形成的囊泡作为 DNA 载体，将内吞的 DNA 运输至细胞内，再通过光照使囊泡解体，DNA 从中释放出来，很好地解决了释放目标不确定这一难题。

在环境方面，Orihara 等[34]考察了阳离子光化学"开关"表面活性剂 4-丁基偶氮苯-4'-(乙氧基)三甲基溴化铵(AZTMA)对有机污染物乙苯的增溶作用，研究发现紫外光照前后，乙苯在 AZTMA 溶液中的溶解度差异明显，这为 AZTMA 在活性态下对有机污染物增溶、在非活性态下释放有机污染物提供了可能。

2.4　基于"开关"表面活性剂的可逆修复原理

"开关"表面活性剂不仅具有常规表面活性剂的优点，而且能解决表面活性剂从水溶液中分离困难这一技术难题，将大大节约运行成本。这是目前分离 HOCs 的常规方法所不具备的。目前已可根据需要合成出具有不同性质的"开关"活性基团，与常规表面活性剂基本结构对应的阴离子型、阳离子型和非离子型的单链、双链"开关"表面活性剂。这些"开关"表面活性剂既可单独形成可逆胶束也可和常规表面活性剂形成混合可逆胶束。国内外报道的"开关"表面活性剂应用领域主要有微流体设备驱动与控制、基因传递、固体结晶提纯、蛋白质萃取、控释药物、智能材料、光敏材料、三次采油及分析化学领域分离过程等。但涉及可逆增溶作用的研究较少，鲜见有关在增溶修复等环境污染控制方面应用的报道。

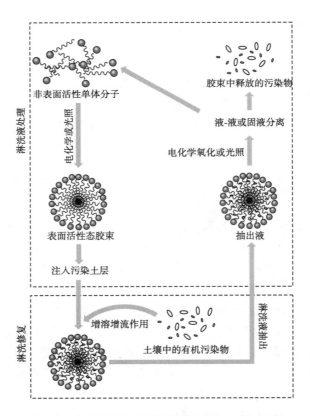

图 2-8　表面活性剂可逆增效修复(RSER)示意图

由于"开关"表面活性剂能够实现对有机污染物增溶-释放循环，在解决 SER 技术因表面活性剂与污染物难以分离而导致的表面活性剂回收困难、成本升高以及二次污染等问题上具有一定可能性，我们在 SER 技术的基础上，针对土壤有机污染现状，提出了表面活性剂可逆增效修复 (reversible surfactant-enhanced remediation，RSER) 技术理论。如图 2-8 所示，"开关"表面活性剂为 RSER 技术的核心，当其处于表面活性态时，发挥常规表面活性剂的增溶洗脱作用去除土壤中的有机污染物；当淋洗液被抽出土层后，采用一定的外界调控手段使得"开关"表面活性剂失活，对有机污染物进行释放；再经过常规物理、化学分离方法，可使表面活性剂与污染物分离，分离出的污染物可经常规处理手段去除，而表面活性剂则通过调控再次恢复活性，重新应用于污染土壤修复。

参 考 文 献

[1] Liu Y X, Jessop P G, Cunningham M, et al. Switchable surfactant[J]. Science, 2006, 313 (5789) :958-960.

[2] Gallardo B S, Hwa M J, Abbott N L. In situ and reversible control of the surface activity of ferrocenyl surfactants in aqueous solutions[J]. Langmuir, 1995, 11 (11) :4209-4212.

[3] Datwani S S, Truskett V N, Rosslee C A, et al. Redox-dependent surface tension and surface phase transitions of a ferrocenyl surfactant: equilibrium and dynamic analyses with fluorescence images[J]. Langmuir, 2003, 19 (20) : 8292-8301.

[4] 解战峰, 冯玉军. 环境刺激响应型表面活性剂[J]. 化学进展, 2009, 21 (6) : 1164-1170.

[5] Qiao W H, Zheng Z B, Peng H. Synthesis of switchable amphipathic molecules triggered by CO_2 through carbonyl-amine condensation[J]. European Journal of Lipid Science and Technology, 2011, 113 (7) : 841-847.

[6] Phan L, Chiu D, Heldebrant D J, et al. Switchable solvents consisting of amidine/alcohol or guanidine/alcohol mixtures[J]. Industrial & Engineering Chemistry Research, 2008, 47 (3) : 539-545.

[7] Saji T, Hoshino K, Ishii Y, et al. Formation of organic thin films by electrolysis of surfactants with the ferrocenyl moiety[J]. Journal of the American Chemical Society, 1991, 113 (2) : 450-456.

[8] Sakai H, Ebana H, Sakai K, et al. Photo-isomerization of spiropyran-modified cationic surfactants[J]. Journal of Colloid and Interface Science, 2007, 316 (2) : 1027-1030.

[9] Eastoe J, Vesperinas A. Self-assembly of light-sensitive surfactants[J]. Soft Matter, 2005, 1 (5) : 338-347.

[10] 牛艳华, 田森林, 杨志. 可逆表面活性剂十一烷基二茂铁三甲基溴化铵的合成、表征及其电化学行为的研究[J]. 精细化工, 2011, 28 (8) : 755-759.

[11] 王倩. 二茂铁和铁铁类水滑石催化的非均相 Fenton 反应机理及其降解亚甲基蓝基础研究[D]. 昆明: 昆明理工大学, 2014.

[12] Saji T, Hoshino K, Aoyagui S. Reversible formation and disruption of micelles by control of the redox state of the head group[J]. Journal of the American Chemical Society, 1985, 107 (24) : 6865-6868.

[13] Li Y J, Tian S L, Mo H, et al. Reversibly enhanced aqueous solubilization of volatile organic compounds using a redox-reversible surfactant[J]. Journal of Environmental Sciences, 2011, 23 (9) : 1486-1490.

[14] Long J, Tian S L, Li G, et al. Micellar aggregation behavior and electrochemically reversible solubilization of a redox-active nonionic surfactant[J]. Journal of Solution Chemistry. 2015,44:1163-1176.

[15] 田森林, 牛艳华, 李光, 等. 典型多环芳烃电化学可逆增溶作用研究[J]. 上海师范大学学报: 自然科学版, 2011,40 (6) : 557-561.

[16] Long J, Tian S L, Niu Y H, et al. Electrochemically reversible solubilization of polycyclic aromatic hydrocarbons by mixed micelles composed of redox-active cationic surfactant and conventional nonionic surfactant[J]. Polycyclic Aromatic Compounds, 2016,36(1):1-19.

[17] 詹树娇. 电化学可逆表面活性剂增溶修复多环芳烃污染土壤的方法研究[D]. 昆明: 昆明理工大学, 2014.

[18] Liang C, Harjani J R, Robert T, et al. Use of CO_2-triggered switchable surfactants for the stabilization of oil-in-water emulsions[J]. Energy & Fuels, 2012, 26(1): 488-494.

[19] 李英杰, 田森林, 宁平. 可逆表面活性剂的制备及性能[J]. 武汉理工大学学报, 2010,32(5): 105-108.

[20] 秦勇, 纪俊玲, 么士平, 等. 烷基四甲基胍表面活性剂的制备与性能研究[J]. 日用化学工业, 2009, 39(2): 89-92.

[21] 秦勇, 纪俊玲, 汪媛, 等. 十二烷基四甲基胍 CO_2 开关表面活性剂的性能研究[J]. 日用化学品科学, 2009,32(11): 18-22.

[22] Tian S L, Long J, He S S. Reversible solubilization of typical polycyclic aromatic hydrocarbons (PAH) by a gas switchable surfactant[J]. Journal of Surfactants and Detergents, 2015, 18(1): 1-7.

[23] 何姗姗. CO_2 开关表面活性剂对典型多环芳烃的可逆增溶作用研究[D]. 昆明: 昆明理工大学, 2012.

[24] Ceschia E, Harjani J R, Liang C, et al. Switchable anionic surfactants for the remediation of oil-contaminated sand by soil washing[J], RSC Advances, 2014, 4(9): 4638-4645.

[25] 何姗姗, 田森林, 龙坚, 等. 光敏表面活性剂的研究进展及应用前景[J]. 2012, 24(7): 1015-1019.

[26] Sanchez-Dominguez M, Wyatt P, Eastoe J. Photo-surfactants new and old[J]. Self-Assembly, 2003: 132-143.

[27] Shinkai S, Matsuo K, Harada A, et al. Photocontrol of micellar catalyses[J]. Journal of the Chemical Society, Perkin Transactions 2, 1982(10): 1261-1265.

[28] Hayashita T, Kurosawa T, Miyata T, et al. Effect of structural variation within cationic azo-surfactant upon photoresponsive function in aqueous solution[J]. Colloid and Polymer Science, 1994, 272(12): 1611-1619.

[29] Kang H C, Lee B M, Yoon J, et al. Synthesis and surface-active properties of new photosensitive surfactants containing the azobenzene group[J]. Journal of Colloid and Interface Science, 2000, 231(2): 255-264.

[30] Shin J Y, Abbott N L. Using light to control dynamic surface tensions of aqueous solutions of water soluble surfactants[J]. Langmuir, 1999, 15(13): 4404-4410.

[31] Shang T G, Smith K A, Hatton T A. Photoresponsive surfactants exhibiting unusually large, reversible surface tension changes under varying illumination conditions[J]. Langmuir, 2003, 19(26): 10764-10773.

[32] Liu N, Dunphy D R, Atanassov P, et al. Photoregulation of mass transport through a photoresponsive azobenzene-modified nanoporous membrane[J]. Nano Letters, 2004, 4(4): 551-554.

[33] Alarcón D H C, Pennadam S, Alexander C. Stimuli responsive polymers for biomedical applications[J]. Chemical Society Reviews, 2005, 34(3): 276-285.

[34] Orihara Y, Matsumura A, Saito Y, et al. Reversible release control of an oily substance using photoresponsive micelles[J]. Langmuir, 2001, 17(20): 6072-6076.

第3章 "开关"表面活性剂的合成与表征方法

国外已有诸多"开关"表面活性的合成研究报道,但国内相关报道较少,而"开关"表面活性剂在污染环境修复中的应用研究则基本属于空白,因此,要实现"开关"表面活性剂在污染环境修复中的应用,首先要解决合成问题。基于此,本章选取常见且易合成的三类"开关"表面活性剂,即 CO_2/N_2 触发型、电化学控制型和光化学触发型作为目标物。本章采用酰胺缩醛法和氰胺法合成脒基和胍基碳酸盐"开关"表面活性剂、二茂铁烷基胺与正溴代烷烃反应制备二茂铁基"开关"表面活性剂和威廉姆森成醚反应与氨基化反应合成光化学"开关"表面活性剂,并通过核磁共振和元素分析等分析手段进行表征。

3.1 CO_2/N_2 "开关"表面活性剂

3.1.1 脒基和胍基化合物的合成方法

1)脒基化合物

脒基化合物是一类含有氮取代的羧酸类物质,又称为亚氨酰胺,可视为酰胺分子中的羰基氧原子被亚氨基取代的化合物。脒的主要合成方法有酰胺缩醛法、腈的氨解法和原甲酸酯法。酰胺缩醛法是脒类化合物最为常见的合成方法,该方法是先把酰胺变为相应的缩醛,再与伯胺在温和条件下反应产生脒。下面以乙脒类化合物为例,简要介绍其合成方法,具体过程如下:

取 87g N,N-二甲基乙酰胺和 126g 硫酸二甲酯在 70~80℃及氮气的环境下反应 3h,制得两者的复合体。将 23g 金属钠和 317mL 甲醇反应制取甲醇钠,然后将其在冰水浴中冷却,再将复合体逐滴加入到甲醇钠中,并进行剧烈搅拌 3h,反应结束再将其在常温下搅拌反应 20h,结束后在常温下静置 20h。随后进行蒸馏获得产物,产物共计 65g,为淡蓝色液体,沸点 118℃[1,2]。将等摩尔的正烷基胺与 N,N-二甲基乙酰胺二甲基乙缩醛(中间体)在 60~70℃的条件下反应 15min 制得 N'-烷基-N, N-二甲基乙脒。生成的甲醇通过高真空除去。合成过程如图 3-1 所示。

2)胍基化合物

胍基与脒基具有类似的性质,也能与 CO_2 反应生成碳酸盐,且胍比脒具有更稳定的共轭结构,对质子具有更强的亲和性,有望成为新的一类 CO_2 "开关"表面活性剂。烷基胍及其盐的合成方法主要有氰胺、硫脲、O-甲基异脲硫酸盐及卤代烃合成等几种,我们采用氰胺与胺反应的传统方法来合成胍基化合物[3-5]。具体合成方法如下：

将 50mL 干燥的 1,2-二氯乙烷和 4.65g 四甲基脲加入 250mL 的两口烧瓶中，并在室温条件下，缓慢滴入 5.65mL 草酰氯。充分反应后，将溶液升温至 60℃并保持该温度反应至少 2.5h，且在无水条件下进行。

将所得产物在真空条件下除去溶剂，得到淡黄色固体。将该固体溶于 30mL 干燥的乙腈中并降温至 0℃；5.16g 十二胺溶于 20mL 干燥的乙腈中，在 0℃下将该溶液逐滴加入上述溶液中。溶液自然升至室温后，将溶液加热至 80℃并保持该反应回流 15h。回流结束，在减压条件下蒸馏除去产物中的溶剂。剩余物用水溶解，过滤，将 30%的 NaOH 溶液加入所得滤液中，用无水乙醚萃取，收集有机相并用无水硫酸镁干燥过夜，得粗产品 DTMG。将所得粗产品 DTMG 用 95%的乙醇重结晶，得精制 DTMG，产率为 56%。合成过程如图 3-2 所示。

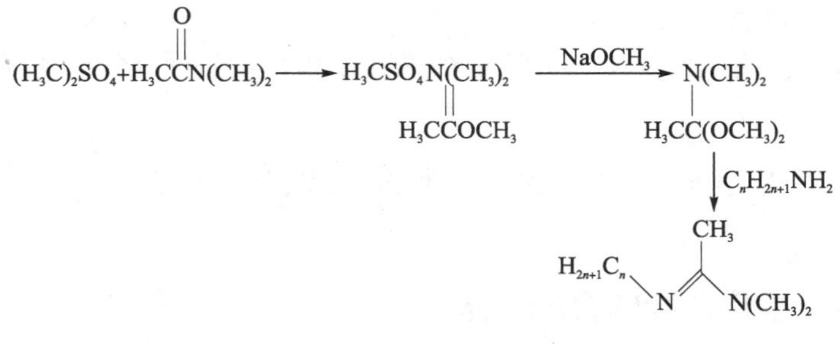

图 3-1 乙脒类化合物的合成过程

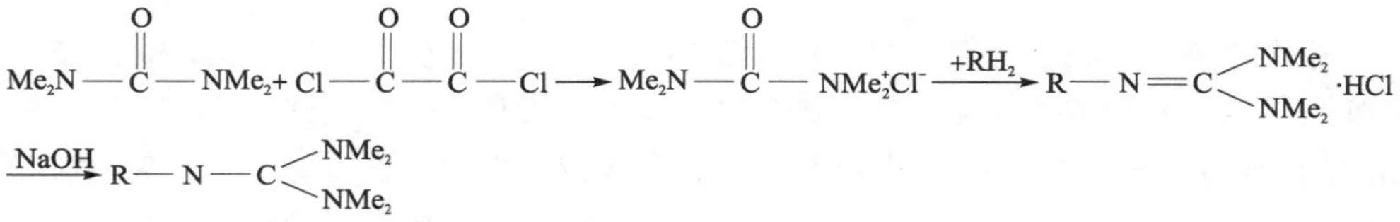

图 3-2 胍基化合物(DTMG)的合成过程(R 为—$C_{12}H_{25}$)

3.1.2 结构分析表征

1)胍基化合物结构核磁表征

核磁共振是鉴定有机化合物结构的有效工具，通过核磁共振谱可以得到与化合物分子结构相关的信息。如根据氢谱中的化学位移可以判断烷基氢、烯氢、芳氢、胺基氢、羟基氢等各组磁性核的类型；根据碳谱中的化学位移可以判别饱和碳、烯碳、芳环碳、羰基碳等各组磁性核的类型；根据核磁共振谱中的积分高度或面积可以测定各组氢核的相对数量；根据分析核磁共振谱中的耦合常数和峰形可以判断各组磁性核的化学环境及与其相连基团的归属，从而确定化合物的结构[6]。

采用酰胺缩醛法合成的中间产物及三种乙脒化合物的 ¹H NMR 结果如表 3-1 所示。由核磁各峰数据的归属可知，三种乙脒化合物的核磁结构与实际结构相吻合。通过 ¹H NMR 法确定了中间产物的纯度为 96%，乙脒纯度为 90%。

表 3-1　合成产物的结构和 ¹H NMR 数据

化合物	分子结构	化学位移/δ
中间产物	NMe₂ | H₃CC(OMe)₂	1.2(s, 3H, H₃CC—)，2.27[s, 6H, —N(CH₃)₂]，3.2[s, 6H, —C(OCH₃)]
N'-辛烷基-N, N-二甲基乙脒	C₈H₁₇—N=C(Me)—NMe₂	0.90(t, 3H, CH₃CH₂—)，1.30(m, 12H, CH₃C₆H₁₂—)，1.53(q, 2H, CH₃C₆H₁₂CH₂—)，1.91(s, 3H, —CCH₃)，2.89[s, 6H, —N(CH₃)₂]，3.19(t, 2H, —CH₂N)
N'-十二烷基-N, N-二甲基乙脒	C₁₂H₂₅—N=C(Me)—NMe₂	0.89(t, J=8.8Hz, 3H, CH₃CH₂—)，1.29(m, 18H, CH₃C₉H₁₈—)，1.51(q, J=9.2Hz, 2H, CH₃C₉H₁₈CH₂—)，1.89(s, 3H, —CCH₃)，2.88[s, 6H, —N(CH₃)₂]，3.18(t, J=10Hz, 2H, —CH₂N)
N'-十六烷基-N, N-二甲基乙脒	C₁₆H₃₃—N=C(Me)—NMe₂	0.88(t, J=6.8Hz, 3H, —CH₂CH₃)，1.28(m, 26H, CH₃C₂₁₃H₂₆—)，1.49(q, J=7.6Hz, 2H, —CH₂CH₃)，1.87(s, 3H, —CCH₃)，2.87[s, 6H, —N(CH₃)₂]，3.17(t, J=7.6Hz, 2H, NCH₂—)

2）胍基化合物结构核磁表征

采用脂肪胺与氨基氰反应合成的十二烷基四甲基胍的 ¹H NMR 分析结果如下：$\delta 3.0323$ [s, 6H, —N(CH₃)₂]，$\delta 2.94$ [s, 6H, —N(CH₃)₂]，$\delta 1.67$ (m, 2H, —CH₂N)，$\delta 1.48\sim 1.46$(m, 2H, CH₃C₉H₁₆CH₂—)，$\delta 1.29$ (s, 18H, CH₃C₉H₁₈)，$\delta 0.92$ (t, 3H, J=6.00Hz, CH₃CH₂—)；¹³C NMR 分析结果如下：$\delta 161.48$、$\delta 45.41$、$\delta 40.02$、$\delta 35.06$、$\delta 31.86$、$\delta 29.95$、$\delta 29.60$、$\delta 29.30$、$\delta 29.16$、$\delta 27.52$、$\delta 26.88$、$\delta 26.75$、$\delta 22.62$、$\delta 14.04$。由其各峰数据归属可知，NMR 分析结果与文献相符合[5]，并与该化合物的结构式（图 3-3）相吻合，从而确定所得是目标产物。

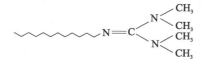

图 3-3　DTMG 的结构式

3.2　电化学控制型"开关"表面活性剂

3.2.1　二茂铁基化合物的合成方法

根据 Saji 等[7]的方法，以 11-溴代十一碳酸、氯化亚砜、二茂铁为主要原料，合成了阳离子型"开关"表面活性剂十一烷基二茂铁三甲基溴化铵（FTMA）。其合成过程如图 3-4 所示。

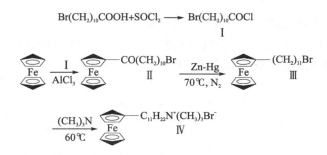

图 3-4　十一烷基二茂铁三甲基溴化铵(FTMA)的合成过程

1) 中间产物 II 的合成

取 25g 的 11-溴代十一碳酸溶于 20mL 的 $SOCl_2$ 溶液中搅拌反应一天，蒸发，得到粗产物 I。将反应得到的产物 I 加入到 40mL CH_2Cl_2 溶液中，然后在 N_2 环境下将其逐滴加入到 16.7g 二茂铁、12.4g $AlCl_3$ 和 100mL 的 CH_2Cl_2 的混合溶液中。滴加 1h 之后，搅拌反应一晚上，将产物倒入冰的饱和 NaCl 溶液中，有机层被分离，再继续用饱和 NaCl 溶液多次分离有机层直到分离得到的上层清液澄清。用无水 $MgSO_4$ 干燥，蒸发。所得溶液再用热甲醇提纯，冷却之后去除不溶油状物，蒸发，产物通过硅胶柱(硅胶：100～200 目，$V_{(石油醚)}$：$V_{(乙酸乙酯)}$=10：1)提纯，得到红色固体，再用 CH_2Cl_2 进行重结晶，得到 21g 红色固体产物 II，产率为 53%。

2) 中间产物 III(BUFC) 的合成

取 12g 化合物 II 及一定量的锌汞齐于 400mL 的乙醇溶液中，搅拌。将 52.8mL 质量分数为 47% 的 HBr 加入到 120mL 乙醇溶液中，在 70～75℃、N_2 环境下将其逐滴加入搅拌好的上述混合溶液中，滴加 30min 后，回流反应 1h，蒸发。所得产物用乙醚提纯，蒸发。最后，产物通过硅胶柱(硅胶：100～200 目，正己烷，第二黄色段)提纯，得到黄色产物 BUFC，共计 4.6g，产率为 38%。

3) FTMA(IV) 的合成

称取 2.48g BUFC，加入到 15mL 三甲胺的乙醇溶液(0.4mol/L，0.35g)中。混合物在 60℃ 搅拌反应 2 天，蒸发，用正己烷溶液多次冲洗。最后，产物用丙酮-正己烷的混合溶液重结晶，真空干燥得到黄色固体 FTMA，共计 1.8g，产率为 64%。

3.2.2　结构分析表征

用 ^1H NMR 和 ^{13}C NMR 对中间产物及 FTMA 的结构进行表征。最终产物通过正己烷-丙酮的混合溶液多次重结晶纯化后，其色谱纯度为 97%，符合后续使用要求。核磁数据如下：

(1) 中间产物 II：^1H NMR(δ, $CDCl_3$)，4.77(2H, H_{Fc})，4.48(2H, H_{Fc})，4.12(5H, H_{Fc})，

3.38（2H，—CH$_2$Br），2.67（2H，COCH$_2$—），1.83（2H，—CH$_2$CH$_2$Br），1.68（2H，COCH$_2$CH$_2$—），1.30［12H，—(CH$_2$)$_6$］；^{13}C NMR（δ，CDCl$_3$），204.59（1C，C=O），79.23（1C，Fc），69.33～77.34（9C，Fc），39.74（1C，—CH$_2$Br），24.62～34.03［8C，—(CH$_2$)$_8$］。

（2）中间产物 III：^{1}H NMR（δ，CDCl$_3$），4.02～4.08（9H，H$_{Fc}$），3.39（2H，—CH$_2$Br），2.28～2.31（2H，FcCH$_2$—），1.84（2H，—CH$_2$CH$_2$Br），1.27［16H，—(CH$_2$)$_8$］；^{13}C NMR（δ，CDCl$_3$），89.59（1C，Fc），66.99～77.31（9C，Fc），28.20～33.97［11C，—(CH$_2$)$_{11}$］。

（3）FTMA：^{1}H NMR（δ，CDCl$_3$），4.01～4.06（9H，H$_{Fc}$），3.59（2H，—CH$_2$N），3.37［9H，—N(CH$_3$)$_3$］，2.24（2H，FcCH$_2$—），1.68（2H，—CH$_2$CH$_2$N），1.30［16H，—(CH$_2$)$_8$］；^{13}C NMR（δ，CDCl$_3$），66.98～77.36（10C，Fc），53.43［3C，—(CH$_3$)$_3$］，23.18～31.04［11C，—(CH$_2$)$_{11}$］。

3.3 光化学"开关"表面活性剂

3.3.1 偶氮苯类化合物的合成方法

本节主要以 4-正丁基苯胺、1,2-二溴乙烷和苯酚等为原料，在相对较为温和的条件下，通过威廉姆森成醚反应与氨基化反应合成光化学"开关"表面活性剂 4-丁基偶氮苯-4'-(乙氧基)三甲基溴化铵（AZTMA）。合成主要分三步完成，具体步骤如图 3-5 所示。

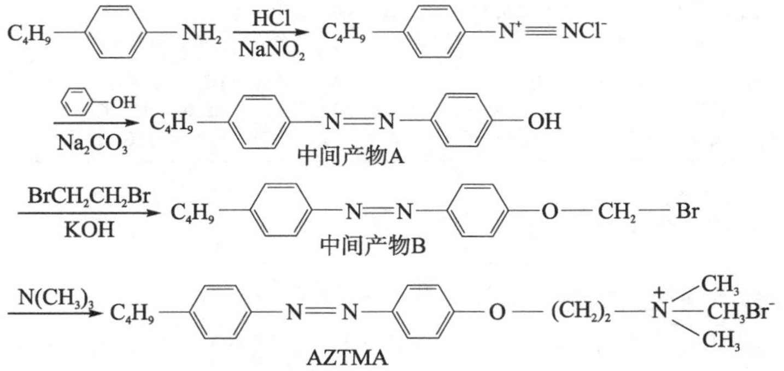

图 3-5 AZTMA 合成步骤

步骤 1：将 15.5mL 浓盐酸于室温下逐滴加入装有 7.46g 4-正丁基苯胺的三口烧瓶中，持续搅拌 20min。通过冰浴冷却至 0℃后，在持续搅拌下将 10mL 水和 3.5g NaNO$_2$ 分批加入至上述三口烧瓶中。随后，再将 4.7g 苯酚、12.7g 无水碳酸钠和 15mL 水的混合物分批加入，搅拌反应 1h。反应完成后，用质量分数为 15% 的稀盐酸进行淬火，产生沉淀。然后将此沉淀过滤、水洗，滤饼通过柱层析法（固定相为硅胶，100～200 目；流动相为 $V_{石油醚}$：$V_{乙酸乙酯}$=10：1）进行提纯，溶剂挥发后得到橙黄色晶体，即为中间产物 A，熔点为 66～67℃。

步骤 2：称取 2.5g 上述产物 A 溶于 10mL 四氢呋喃中，然后将其逐滴加入至 4.4g 1,2-

二溴乙烷、1g 氢氧化钾和 50ml 四氢呋喃的混合物中，于 75℃下加热回流 16h，冷却至室温，依次通过二氯甲烷萃取、无水碳酸钠干燥。最后将所得溶液减压蒸馏，残留固体通过柱层析法(固定相为硅胶，100～200 目；流动相为 $V_{石油醚}:V_{乙酸乙酯}=10:1$)提纯，得到黄色固体产物 B，测得熔点为 73～74℃。

步骤 3：先将 2g 产物 B 溶于 100mL 四氢呋喃中配制成溶液 a。然后加热质量分数为 35%的三甲胺水溶液，并将产生的气体通入溶液 a 中，在持续搅拌下反应 30min。待反应完成后，溶液于室温下放置 48h，过滤蒸发。滤饼经四氢呋喃反复淋洗，最终得到橙色固体，即为 AZTMA，其熔点为 228～230℃。

3.3.2　结构分析表征

1) 核磁分析

采用 ^{1}H NMR 和 ^{13}C NMR 对合成中间产物及 AZTMA 结构进行表征，数据如表 3-2 所示。最终产物经确认为 AZTMA，纯度≥97%，符合后续实验要求。

表 3-2　合成产物 ^{1}H NMR 与 ^{13}C NMR 分析 (CDCl$_3$, δ_{ppm})

	^{1}H NMR	^{13}C NMR
中间产物 A	0.9 (3H, —CH$_3$), 1.3～1.4 [4H, —(CH$_2$)$_2$—], 2.6～2.7 (2H, —CH$_2$—), 7.0～7.9 (8H, H$_{偶氮苯}$)	13.94 (1C, —CH$_3$), 22.35～35.56 (3C, —CH$_2$—), 76.78～158.19 (12C, 偶氮苯)
中间产物 B	0.8～1.0 (3H, —CH$_3$), 1.2～1.4 [4H, —(CH$_2$)$_2$—], 2.6 (2H, —CH$_2$—), 7.0～7.9 (8H, H$_{偶氮苯}$), 4.2～4.6 (2H, —(CH$_2$)$_2$—)	14.00 (1C, —CH$_3$), 22.38～35.59 (3C, —CH$_2$—), 28.89 (1C, —C—Br), 68.00 (1C, —C—O), 76.85～160.23 (12C, 偶氮苯)
AZTMA	0.9 (3H, —CH$_3$), 1.3～1.4 [4H, —(CH$_2$)$_2$—], 2.6 (2H, —CH$_2$—), 7.0～7.9 (8H, H$_{偶氮苯}$), 4.2～4.6 [2H, —(CH$_2$)$_2$—], 3.6 [9H, —(CH$_3$)$_3$]	14.30 (1C, —CH$_3$), 22.72～35.92 (3C, —CH$_2$—), 52.24～65.46 (4C, C—N), 70.84 (1C, —C—O), 77.28～159.37 (12C, 偶氮苯)

2) AZTMA 胶束粒径表征

AZTMA 具有不同的异构体，其异构化可通过光控实现，不同异构体的表面活性差异很大，从而可实现其胶束的形成与破坏。AZTMA 的光异构化过程如图 3-6 所示。光照调控前后 AZTMA 溶液(3mmol/L)胶束粒径分布情况如图 3-7 所示。反式 AZTMA 的粒径分布主要集中于 1～10nm，平均粒径为 2.4nm。经紫外光充分照射后，转化为顺式 AZTMA，其平均粒径减小为 1.7nm，且主要分布于 0～2nm。由于 AZTMA 溶液浓度为 3mmol/L，介于活性态与非活性态 CMC 之间(2mmol/L 和 5.1mmol/L)，经紫外光照射，溶液 CMC 上升，原本反式 AZTMA 胶束解离成为单体分子，从而导致溶液表观粒径减小。再经可见光照射后，溶液 CMC 下降至 3mmol/L 以下，AZTMA 溶液中的单体分子又能够再次聚集形成胶束，从而使胶束粒径分布回到原来水平，平均粒径约为 2.3nm。此过程证实了当 AZTMA 溶液处于适当的浓度时，可通过外界光照控制其胶束的形成和解散，为实现表面活性剂与污染物的分离奠定了基础。

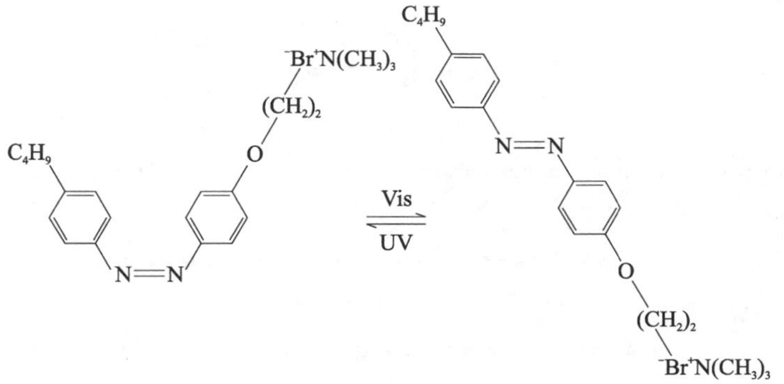

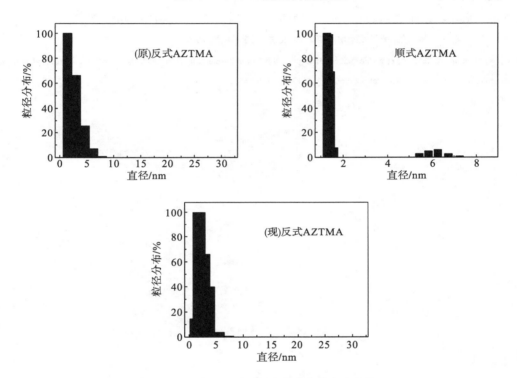

图 3-6 AZTMA 的光异构化过程

图 3-7 3mmol/L AZTMA 溶液胶束粒度分布情况

3.4 小　结

本章通过酰胺缩醛法和氰胺法成功合成了脒类和胍类 CO_2/N_2 "开关"表面活性剂，通过傅克反应与胺基化反应合成了二茂铁基电化学控制型"开关"表面活性剂，通过威廉姆森成醚反应与氨基化反应合成了偶氮苯基光化学"开关"表面活性剂，并利用核磁共振氢谱与碳谱对所得产物进行结构表征，确定其为目标物，其纯度符合后续研究要求。

参 考 文 献

[1] Salomon R G, Raychaudhuri S R. Convenient preparation of N,N-dimethylacetamide dimethyl acetal[J]. J. Org. Chem., 1984, 49(19): 3659-3660.

[2] Welch J T, Eswarakrishnan S. An accelerated diastereoselective variant of the amide acetal claisen rearrangement[J]. Journal of Organic Chemistry, 1985, 50(26): 5909-5910.

[3] Liu Y X, Jessop P G, Cunningham M, et al. Switchable surfactants[J]. Science, 2006, 313(5789): 958-960.

[4] Schuchardt U, Vargas R M, Gelbard G. Alkylguanidines as catalysts for the transesterification of rapeseed oil[J]. Journal of Molecular Catalysis A Chemical, 1995, 99(2):65-70.

[5] 秦勇, 纪俊玲, 汪媛, 等. 烷基胍表面活性剂研究进展[J]. 日用化学品科学, 2008, 31(9): 15-18.

[6] 邓芹英, 刘岚, 邓慧敏. 波谱分析教程[M]. 第 2 版. 北京: 科学出版社, 2007.

[7] Saji T, Hoshino K, Ishii Y, et al. Formation of organic thin films by electrolysis of surfactants with the ferrocenyl moiety[J]. Journal of the American Chemical Society, 1991, 113(2): 450-456.

第 4 章 CO₂ "开关" 表面活性剂对 PAHs 的可逆增溶作用

以 PAHs、有机氯农药、石油烃等为代表的 HOCs 是土壤有机污染修复中难度最大的污染物。此类物质具有毒性大、水溶性低、生物可利用性差等特点,在土壤中常以吸附态或液态形式存在,很难通过物理或生物的方法去除。表面活性剂可提高有机污染物在水中的溶解度以及流动性,使其易于通过淋洗的方式与土壤分离,因此基于表面活性剂的 SER 技术已成为最具应用潜力的 HOCs 污染土壤修复方法之一。传统 SER 技术具有实施周期短、处理效率高等特点,但其弊端是表面活性剂与增溶污染物的分离十分困难,处理后的表面活性剂淋洗液难以回收进行重复利用,运行成本是传统 SER 技术大规模应用与推广的主要制约因素。另外,未经处理的淋洗液直接排放也将会对环境造成污染。

"开关" 表面活性剂在具备常规表面活性剂两亲性的同时,还含有某些可响应外界环境刺激的基团,可通过改变环境条件使其分子结构或水溶性发生可逆变化,从而实现对其表面活性的可逆控制。针对传统 SER 技术主要存在的问题,我们提出了 RSER 新思路,利用 "开关" 表面活性剂对有机污染物增溶-释放循环可控特性,拟解决表面活性剂与污染物分离难这一关键问题。CO₂ "开关" 表面活性剂可在空气/CO₂ 控制下发生分子极性和表面化学性质的改变,并且在调控过程中,无须特定的场地以及其他化学试剂的加入,有望成为 RSER 技术实施所需的合适的表面活性剂。本章考察 CO₂ "开关" 表面活性剂 DTMG 的可逆特性,研究 DTMG 与常规表面活性剂 CTAB 对 PAHs 的增溶作用,详细探究阳离子-非离子型混合表面活性剂体系(DTMG-CO₂/Tween80)对 PAHs 的可逆增溶作用。

4.1 DTMG 表面活性剂的可逆特性

4.1.1 DTMA/DTMG-CO₂ 间的可逆切换

研究表明,烷基脒在常温下通入 CO₂ 后形成的离子络合物烷基脒碳酸盐在一定温度下通入 N₂ 等惰性气体后会解体重新生成烷基脒[1]。而烷基胍与烷基脒具有类似的性质,对应的离子络合物烷基胍碳酸盐在加热条件下通入 N₂ 也能解体重新生成烷基胍。而胍基比脒基具有更稳定的共轭结构,理论上,切换需要相对较高的温度。

烷基胍与对应的碳酸盐具有不同的 pH,因此可利用这一特性来确定 DTMG-CO₂ 最佳切换温度。不同温度下 DTMG-CO₂ 的 pH 随时间的变化曲线如图 4-1 所示,从图 4-1 可知在 60℃和 70℃条件下，溶液 pH 几乎无变化且呈中性，此时温度未达到 DTMG-CO_2 解体所需温度，说明 DTMG-CO_2 未解体，溶液中仍为 DTMG-CO_2。在 80℃和 85℃条件下，0～12min 之内，溶液 pH 急剧上升，溶液呈现碱性，此时温度已达到 DTMG-CO_2 解体所需温度，DTMG-CO_2 开始解体生成 DTMG；12min 之后，溶液 pH 达到动态平衡，此时 DTMG-CO_2 完全解体生成 DTMG，且溶液 pH 不再随着温度的变化而变化，温度不再影响 DTMG-CO_2 的解体。由于高温不利于实验的控制，而且能量耗损较大，DTMG-CO_2 络合体系的最佳解体温度为 80℃。

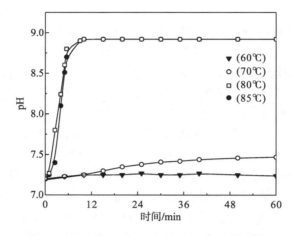

图 4-1   不同温度下 DTMG-CO_2 的 pH 变化曲线

4.1.2   表面张力及临界胶束浓度

表面活性剂溶液的表面张力随着溶液中表面活性剂浓度的增加而逐渐降低，达到一定值后表面张力变化微小而趋于平缓，可根据曲线的拐点来求取 CMC。当溶液浓度大于 CMC 时，表面活性剂开始形成胶束，水溶液表面上表面活性剂分子的吸附已经达到饱和，即达到极限状态，故表面张力不再下降而趋于平缓。表面活性剂溶液的表面张力和 CMC 是衡量表面活性剂对溶质增溶作用的两个重要参数。

表面活性剂 DTMG 在不同状态下表面张力随其浓度对数变化曲线如图 4-2 所示，由图 4-2 可知，在室温下向 DTMG 溶液中通入 CO_2，表面张力明显下降到 25.9mN/m，对应的 CMC 为 0.40mmol/L，此时胍基与 CO_2 和水形成离子络合物 DTMG-CO_2，可形成胶束呈现表面活性；DTMG-CO_2 溶液在 80℃下通入 N_2 后，表面张力增大到 46.3mN/m，对应的 CMC 为 1.50mmol/L，此时离子络合物 DTMG-CO_2 解体，生成 DTMG，胶束解散而成为表面活性剂单体分子，表面活性减弱；继续通入 CO_2，表面张力重新下降到 28.1mN/m，CMC 恢复至 0.38mmol/L，又重新生成 DTMG-CO_2，仍可形成胶束，表面活性恢复。

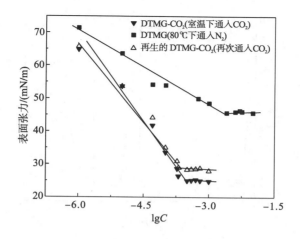

图 4-2　不同状态下 DTMG 的表面张力曲线

表 4-1 列出了 DTMG 在不同状态下的 CMC 及表面张力。由此可知，DTMG 表面活性剂的表面活性变化可以通过 CO_2/N_2 来可逆控制，DTMG 在室温下通入 CO_2 后具有良好的表面活性，在 80℃下通入 N_2 后表面活性丧失，再次向溶液中通入 CO_2 表面活性可恢复。

表 4-1　DTMG 在不同状态下的 CMC 及表面张力

	CMC/(mmol/L)	γ_{CMC}/(mN/m)
DTMG-CO₂	0.40	25.9
DTMG	1.50	46.3
再生后的 DTMG-CO₂	0.38	28.1

4.1.3　DTMG 与 DTMG-CO₂ 可逆切换过程中 pH 的变化

DTMG 是一种有机强碱，在室温下通入 CO_2 或在 80℃下通入 N_2，DTMG 会呈现不同的活性状态，不同状态所对应的 pH 不同，因此可用酚酞指示剂及 pH 计来判定表面活性剂的活性及切换终点。

DTMG 的 pH 可逆变化曲线如图 4-3 所示，从图 4-3 可知在室温下 DTMG 溶液呈无色，加入酚酞后 DTMG 水溶液显红色，溶液呈碱性，pH 为 8.82。在室温下向溶液中通入 CO_2 10min 后，溶液显无色，pH 下降到 7.18，胍基与 CO_2 和水生成离子络合物 DTMG-CO₂，碱性被破坏；在 80℃下通入 N_2 反应 15min 后，溶液又恢复红色，pH 上升为 8.91，离子络合物解体，重新生成 DTMG，碱性恢复。再次向其中通入 CO_2 10min 后，溶液又逐渐呈无色状态，pH 下降到 7.19；继续在 80℃下通入 N_2 反应 15min 后，溶液又恢复红色，pH 上升为 8.90。该循环切换迅速，25min 即可完成一个循环，循环过程中表面活性剂的各项物理化学性质也随之发生可逆切换。同时可以通过酚酞指示剂的颜色来显示表面活性剂的活性，红色表示无活性，无色表示有活性。

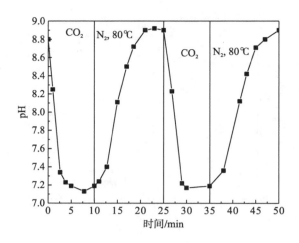

图 4-3　DTMG 的 pH 可逆变化曲线

4.2　DTMG 对 PAHs 的增溶作用

　　PAHs 具有致畸、致癌、致突变效应，其中萘、苊、蒽、菲、芘是最具有代表性的化合物，在土壤、地下水和湖泊等水体中普遍存在，是一类难降解的有机污染物。前面章节已提及 DTMG 表面活性剂具有良好的可逆切换能力，是新的一类 CO_2 "开关" 表面活性剂。通入 CO_2 后，DTMG 会与 CO_2 和水生成离子络合物 $DTMG\text{-}CO_2$，具有表面活性；在 80℃下通入 N_2 后，离子络合物 $DTMG\text{-}CO_2$ 解体，重新生成 DTMG，表面活性丧失。"开关" 表面活性剂可解决 SER 技术中的关键问题，具有良好的应用前景，但目前国内外鲜见将 "开关" 表面活性剂用于对 PAHs 的增溶修复研究。

　　本章主要以 CO_2 "开关" 表面活性剂 DTMG 为研究对象，以 PAHs 中的苊、菲、蒽为目标污染物，研究 DTMG 表面活性剂对 PAHs 的可逆增溶作用。

4.2.1　DTMG-CO_2 对 PAHs 的增溶作用

　　增溶作用是指利用表面活性剂形成胶束所提供的微观疏水环境，使原来不溶或微溶于水的有机化合物溶解于胶束中，显著增加有机化合物的溶解度[2]。表面活性剂对溶质的增溶作用可以用溶质在有机相中的表观溶解度与水相中表观溶解度的比值即增溶比来表示[3]：

$$S_w^* / S_w = 1 + X_{mn}K_{mn} + X_{mc}K_{mc} \qquad (4\text{-}1)$$

式中，S_w^* 代表溶质在表面活性剂溶液中的表观溶解度；S_w 代表溶质在纯水中的表观溶解度；X_{mn} 代表表面活性剂单体浓度；X_{mc} 代表以胶束形式存在的表面活性剂浓度；K_{mn} 代表溶质在表面活性剂单体和水之间的分配常数；K_{mc} 代表相应的溶质在胶束和水之间的分配常数。

　　$DTMG\text{-}CO_2$ 对苊、菲、蒽的增溶作用如图 4-4 所示。由图 4-4 可知，PAHs 在表面活性剂溶液中的增溶比与表面活性剂浓度呈正相关。无论浓度是在 CMC 以上还是在 CMC 以下，DTMG-CO₂ 表面活性剂对 PAHs 都有增溶作用：在 CMC 以下，DTMG-CO₂ 对芘、菲、蒽的增溶作用不明显；在 CMC 以上，DTMG-CO₂ 对芘、菲、蒽的增溶作用显著，增溶作用大小顺序为芘＞菲＞蒽。在 DTMG-CO₂ 浓度为 4mmol/L 时，水中芘、菲、蒽的溶解度分别增大 32.4 倍、17.1 倍、14.6 倍。

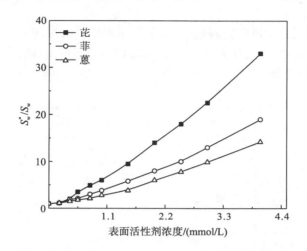

图 4-4　DTMG-CO₂ 对芘、菲、蒽的增溶作用

　　表面活性剂对溶质的增溶作用还可以用摩尔增溶比（molar solubilization ratio，MSR）来定量描述：

$$MSR = (S - S_{cmc}) / (C_s - CMC) \tag{4-2}$$

式中，C_s 代表表面活性剂溶液任意大于 CMC 时的浓度；S 代表表面活性剂浓度为 C_s 时溶质的表观溶解度；S_{cmc} 代表表面活性剂浓度为 CMC 时溶质的表观溶解度。

　　溶质在胶束/水间的分配系数（K_{mc}）也可以用于定量描述表面活性剂的增溶能力：

$$K_{mc} = X_{mc} / X_a \tag{4-3}$$

式中，X_{mc} 代表胶束中有机物的摩尔分数，$X_{mc} = (S - S_{cmc}) / (C_s - CMC + S - S_{cmc})$；$K_{mc} = 55.4 \times MSR / [S_{cmc}(1 + MSR)]$；$X_a$ 代表水中有机物的摩尔分数，在稀溶液中，$X_a = S_{cmc} \times V_w$，其中 V_w 代表水的摩尔体积（0.018L/mol）。K_{mc}、MSR 都与表面活性剂对溶质的增溶能力呈正相关，当不同表面活性剂增溶同一溶质时，MSR、K_{mc} 越大表明该表面活性剂增溶能力越好；当同一种表面活性剂增溶不同溶质时，K_{mc} 越大表明表面活性剂对该溶质的增溶作用越大。

　　DTMG-CO₂ 溶液中芘、菲、蒽的 MSR、K_{mc}，以及辛醇/水分配系数（K_{ow}）如表 4-2 所示。由表 4-2 可知 PAHs 在 DTMG-CO₂ 溶液中增溶作用大小顺序为芘＞菲＞蒽。当 DTMG-CO₂ 增溶芘、菲、蒽时，K_{mc} 越大表明 DTMG-CO₂ 对其增溶作用越大。这是由于 PAHs 的 K_{ow} 越大，憎水性越强，K_{mc} 越大，DTMG-CO₂ 表面活性剂溶液对其增溶作用也越显著，这与图 4-2 结果相符合。

表 4-2　DTMG-CO$_2$ 溶液中芘、菲、蒽的摩尔增溶比(MSR)、胶束/水分配系数(K_{mc})及辛醇/水分配系数(K_{ow})

	MSR	lgK_{mc}	lgK_{ow}[4]
芘	$5.4×10^{-3}$	5.40	4.88
菲	$2.8×10^{-2}$	5.15	4.46
蒽	$1.1×10^{-3}$	5.12	4.45

Chiou 等[5]的研究表明污染物的 lgK_{ow} 与其在常规表面活性剂中的 lgK_{mc} 之间存在线性关系。DTMG-CO$_2$ 溶液中 PAHs 的 lgK_{mc} 与 lgK_{ow} 的确有较好的线性关系(图 4-5),这与前人的相关研究结果相符合。

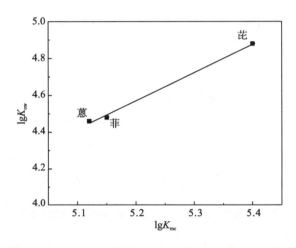

图 4-5　DTMG-CO$_2$ 溶液中 PAHs 的 lgK_{mc} 和 lgK_{ow} 关系

4.2.2　DTMG 对 PAHs 的增溶作用

DTMG 与 DTMG-CO$_2$ 表面活性剂对芘、菲、蒽的增溶作用如图 4-6 所示。由图 4-6 可知,与 DTMG-CO$_2$ 相比,DTMG 对三种 PAHs 的增溶能力均大幅度下降,表面活性减弱。这是由于离子络合物 DTMG-CO$_2$ 在 80℃下通入 N$_2$ 后,离子络合物 DTMG-CO$_2$ 解体,重新得到 DTMG,胶束解散成表面活性剂单体分子,表面活性降低,增溶能力下降。

DTMG 与 DTMG-CO$_2$ 溶液中芘、菲、蒽的 MSR 及 K_{mc} 如表 4-3 所示。由表 4-3 可知 DTMG-CO$_2$ 溶液中 PAHs 的 MSR 及 K_{mc} 均大于 DTMG 溶液中相对应 PAHs 的 MSR 及 K_{mc},且 DTMG 对芘、菲、蒽的摩尔增溶比分别下降 79.6%、69.5%、69.1%。当不同表面活性剂增溶同一溶质时,MSR 与 K_{mc} 的大小与表面活性剂对溶质的增溶能力成正比。因此在 80℃下通入 N$_2$ 条件下,相比于 DTMG,DTMG-CO$_2$ 会丧失一定的表面活性及增溶能力,这与图 4-6 的研究结果一致。

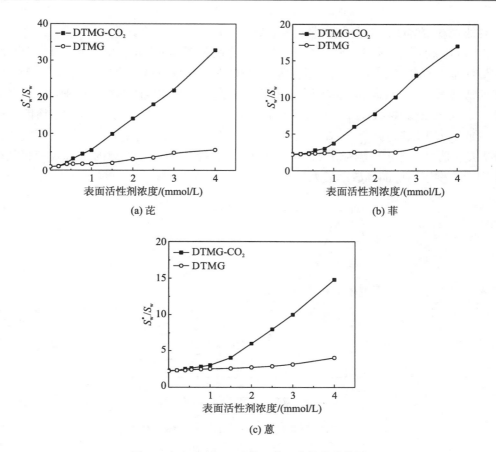

图 4-6　DTMG-CO$_2$ 对芘、菲、蒽的增溶作用

表 4-3　DTMG-CO$_2$ 与 DTMG 溶液中芘、菲、蒽的摩尔增溶比 (MSR) 及胶束/水分配系数 (K_{mc})

	DTMG-CO$_2$		DTMG	
	MSR	lgK_{mc}	MSR	lgK_{mc}
芘	$5.4×10^{-3}$	5.40	$1.1×10^{-3}$	4.75
菲	$2.8×10^{-2}$	5.15	$8.5×10^{-3}$	4.62
蒽	$1.1×10^{-3}$	5.12	$3.4×10^{-4}$	4.60

4.2.3　DTMG/DTMG-CO$_2$ 可逆切换对 PAHs 增溶的影响

　　由前面研究可知 DTMG-CO$_2$ 在 80℃ 下通入 N$_2$ 后，胶束解散成表面活性剂单体分子，对 PAHs 的增溶能力降低。为了定量描述 CO$_2$ "开关" 表面活性剂对 PAHs 的去除效果，可用 PAHs 的释放率 (W) 来衡量。我们定义 PAHs 的释放率为 CO$_2$ "开关" 表面活性剂在其活性态与非活性态时增溶量的差值与活性态时增溶量的比值，如下式：

$$W = (S_{w1}^* - S_{w2}^*)/(S_{w1}^* - S_w^*) \tag{4-4}$$

式中，S_{w1}^* 和 S_{w2}^* 分别表示 CO$_2$ "开关" 表面活性剂在 DTMG-CO$_2$ 态和 DTMG 态对芘、

菲、蒽的表观溶解度；S_w是芘、菲、蒽在纯水中的表观溶解度。

DTMG 浓度变化对芘、菲、蒽的释放率的影响如图 4-7 所示，由图 4-7 可知表面活性剂由活性态 DTMG-CO$_2$ 转化到非活性态 DTMG 时，胶束解散，释放 PAHs。在表面活性剂浓度低的时候，PAHs 释放率较大，而随着表面活性剂浓度的增加，PAHs 释放率逐渐降低；在同一浓度时，DTMG 表面活性剂对芘、菲和蒽释放率的大小与其增溶能力成反比，释放率大小顺序为蒽>菲>芘。这是由于 PAHs 释放率大小与其 K_{ow}、K_{mc} 有关，且成反比。K_{ow} 越大，憎水性越强，K_{mc} 也就越大，越不容易释放，而蒽的 K_{mc} 较菲和芘弱，故在同一浓度下，蒽的释放率最大。

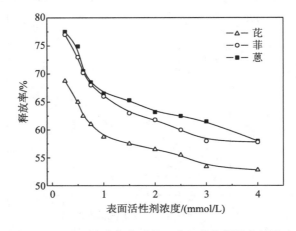

图 4-7　DTMG 浓度变化对芘、菲、蒽的释放率的影响

利用表面活性剂 DTMG 可通过 CO$_2$/N$_2$ 来实现对 PAHs 的增溶-释放循环控制，即在活性态时形成胶束增溶 PAHs，非活性态时解散胶束释放 PAHs，重要的是，DTMG-CO$_2$ 与 DTMG 之间是可以可逆切换的，胶束解散后 DTMG 单体溶液又可以通过通入 CO$_2$ 进行逆向调控，恢复增溶活性，重新形成胶束，循环使用，从而达到再生的目的，解决 SER 技术中表面活性剂回收困难这一关键问题。

4.2.4　DTMG-CO$_2$ 与常规表面活性剂增溶能力的比较

1) DTMG-CO$_2$ 与常规表面活性剂 CTAB 的表面张力对比

DTMG-CO$_2$ 和 CTAB 的表面张力与浓度对数曲线如图 4-8 所示，由图 4-8 可以看出 DTMG-CO$_2$ 表面张力曲线在 25.9mN/m 时出现拐点，对应的 CMC 为 0.4mmol/L；CTAB 表面张力曲线在 34.2mN/m 时出现拐点，对应的 CMC 为 10mmol/L。由表面张力及 CMC 可知 DTMG-CO$_2$ 的表面活性优于 CTAB。

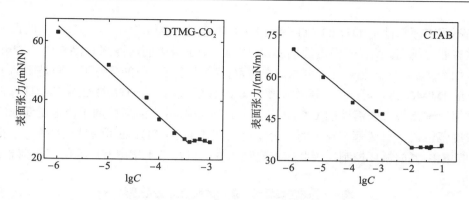

图 4-8　DTMG-CO₂ 和 CTAB 的表面张力曲线

2）DTMG-CO₂ 和 CTAB 对 PAHs 增溶作用的比较

由图 4-8 可以看出，与阳离子表面活性剂 CTAB 相比，DTMG-CO₂ 的 CMC 为 0.4mmol/L，明显低于 CTAB 的 CMC（10mmol/L）。因此在低浓度时，DTMG-CO₂ 的增溶能力应高于 CTAB 的增溶能力。而图 4-9 刚好验证了这一点，在一定的浓度范围内（<10mmol/L），DTMG-CO₂ 对芘、菲、蒽的增溶作用明显大于 CTAB 对芘、菲、蒽的增溶作用。

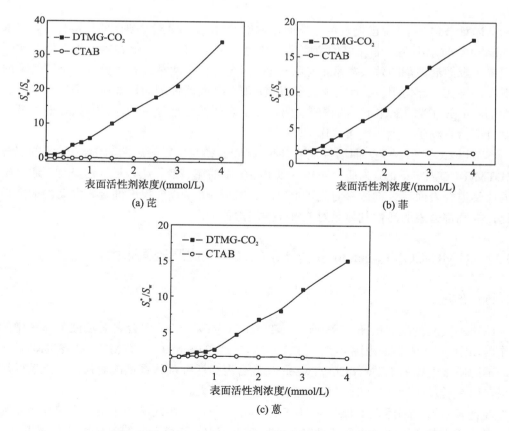

图 4-9　DTMG-CO₂ 与 CTBA 对芘、菲、蒽的增溶作用

当不同表面活性剂 DTMG-CO$_2$ 及 CTAB 增溶同一溶质芘时，K_{mc} 越大表明该表面活性剂增溶能力越高。芘在表面活性剂 DTMG-CO$_2$ 和常规表面活性剂 CTAB 中的胶束/水分配系数如表 4-4 所示，由表 4-4 可知，在疏水性碳链长度一致的条件下，同是阳离子表面活性剂的 DTMG-CO$_2$ 对芘的分配作用要比 CTAB 的大，因此 DTMG-CO$_2$ 对芘具有更大的增溶作用。与常规表面活性剂 CTAB 相比，DTMG-CO$_2$ 表面活性剂无论是在低浓度还是在高浓度范围内，对芘都有较大的增溶作用。且 DTMG-CO$_2$ 还可通过 CO$_2$/N$_2$ 来实现对 PAHs 的增溶-释放循环控制，因此在修复疏水性有机污染土壤中有广泛的应用前景。

表 4-4　芘在表面活性剂中的胶束/水分配系数

表面活性剂	lgK_{mc}	疏水性碳链长度
CTAB	4.15	12
DTMG-CO$_2$	5.40	12

4.3　DTMG-CO$_2$/Tween80 混合表面活性剂体系对 PAHs 的增溶作用

上述章节(4.2 节)中已提及单一表面活性剂 DTMG-CO$_2$ 对 PAHs 的增溶作用，在浓度为 4mmol/L 时水中芘、菲、蒽的溶解度分别增大 32.4 倍、17.1 倍、14.6 倍。但在实际应用中单一表面活性剂的效果常常不是很理想，因此常会将两种或者两种以上不同类型的表面活性剂混在一起使用。已有相关文献报道，混合表面活性剂的许多性质都优于单一表面活性剂，并在适宜的配比下，两种或者两种以上表面活性剂分子(或离子)共存的溶液体系能对目标污染物质产生协同增溶作用[6]。

本节以 CO$_2$ "开关" 表面活性剂 DTMG 碳酸盐和常规表面活性剂 Tween80 的混合体系(DTMG-CO$_2$/Tween80)为研究对象，以 PAHs 中的芘、菲、蒽为目标污染物，通过研究不同比例混合表面活性剂体系对三种 PAHs 的增溶作用，以期找出混合表面活性剂的最佳配比，提高混合表面活性剂体系对 PAHs 的增溶能力。

4.3.1　DTMG-CO$_2$/Tween80 混合体系的最优配比及表面张力

1) 最优配比

芘在不同质量配比的阳-非离子型(DTMG-CO$_2$/Tween80)混合表面活性剂体系中的增溶作用如图 4-10 所示，由图 4-10 可知，与单一的 Tween80 和 DTMG-CO$_2$ 表面活性剂相比，不同质量配比的 DTMG-CO$_2$/Tween80 混合表面活性剂体系都能对芘产生显著的增溶作用，但在质量比为 3∶7 时，其对芘的增溶作用最大。

混合表面活性剂体系 DTMG-CO$_2$/Tween80 对芘产生协同增溶作用的主要原因是非离子型表面活性剂和阳离子表面活性剂分子同时存在时，胶束表面的电荷密度会减少，且两种表面活性剂分子疏水基的碳氢链间因疏水性相互作用而相互靠在一起，形成二聚体或多聚体，使得混合表面活性剂在溶液中更容易形成胶束，表面活性剂的表面张力及 CMC 降低，芘在混合胶束中的 K_{mc} 增大，故增溶作用增强。

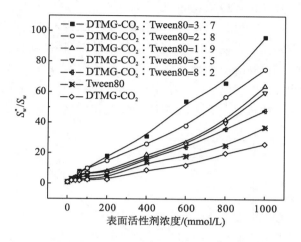

图 4-10　DTMG-CO₂/Tween80 混合表面活性剂体系对芘的增溶作用

2）表面张力

由上文可知，DTMG-CO₂/Tween80 在质量比为 3∶7 时，混合表面活性剂体系对芘的增溶作用最大，因此本节只研究质量比为 3∶7 时混合表面活性剂体系的表面张力。DTMG-CO₂/Tween80（3∶7）混合表面活性剂体系的表面张力与浓度对数曲线如图 4-11 所示，由图 4-11 可知 DTMG-CO₂/Tween80（3∶7）混合表面活性剂体系的表面张力曲线在 31.4mN/m 时出现拐点，对应的 CMC 为 35.48mg/L。混合表面活性剂体系的 CMC 较表面活性剂 DTMG-CO₂ 的 CMC（138mg/L）显著下降，这主要是由于两种不同种类表面活性剂分子产生协同增溶作用，在一定条件下形成了混合胶束，混合表面活性剂体系的 CMC 显著降低。

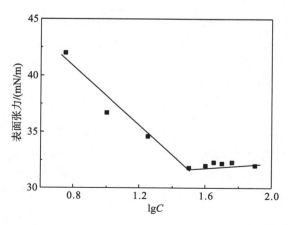

图 4-11　DTMG-CO₂/Tween80（3∶7）的表面张力曲线

4.3.2　DTMG-CO$_2$/Tween80 混合体系对 PAHs 的增溶作用

质量比为 3∶7 的 DTMG-CO$_2$/Tween80 混合表面活性剂体系对芘、菲、蒽的增溶作用如图 4-12 所示,从图 4-12 可知 DTMG-CO$_2$/Tween80 混合表面活性剂体系(3∶7)与单一表面活性剂 DTMG-CO$_2$ 类似,对芘、菲、蒽都具有显著增溶作用,增溶作用大小顺序为芘>菲>蒽,在浓度为 1000mg/L 时水中芘、菲、蒽的溶解度分别增大 96.4 倍、35.7 倍、32.5 倍。当同一种表面活性剂增溶不同溶质时,增溶能力与 K_{mc} 呈正相关。K_{ow} 越大,憎水性越强,K_{mc} 也越大,表面活性剂对该溶质的增溶作用越显著。

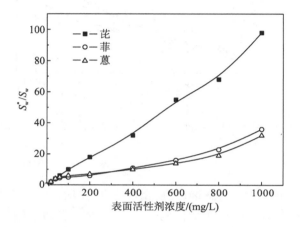

图 4-12　混合表面活性剂体系对芘、菲、蒽的增溶作用

DTMG-CO$_2$/Tween80 混合表面活性剂体系(3∶7)、DTMG-CO$_2$ 及 Tween80 对芘、菲、蒽的增溶作用如图 4-13 所示,从图 4-13 可知 DTMG-CO$_2$/Tween80 混合表面活性剂体系较单一表面活性剂 DTMG-CO$_2$ 及 Tween80 对芘、菲、蒽的增溶作用更大。

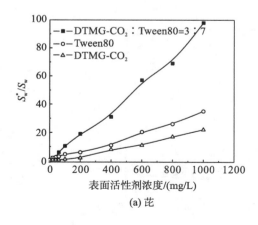

(a) 芘

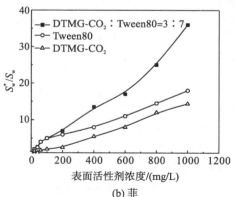

(b) 菲

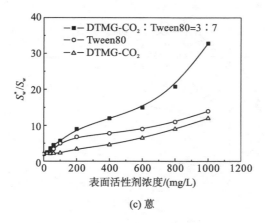

(c) 蒽

图 4-13　表面活性剂对芘、菲、蒽的增溶作用

混合表面活性剂体系对溶质的增溶作用也可以用 MSR 及 K_{mc} 来定量分析,当不同种表面活性剂增溶同一溶质时,MSR、K_{mc} 越大,表明表面活性剂对该溶质的增溶能力越强。DTMG-CO₂/Tween80(3∶7)、DTMG-CO₂、Tween80 的 MSR 与 K_{mc} 如表 4-5 所示,由表 4-5 可知 DTMG-CO₂/Tween80(3∶7)混合表面活性剂体系的 MSR 较相应的单一表面活性剂 Tween80 和 DTMG-CO₂ 都要大,因此对芘、菲、蒽的增溶作用更为显著,与图 4-14 结果相符合;PAHs 在混合表面活性剂胶束中的 K_{mc} 同样与有机污染物的 K_{ow} 呈正相关,且表面活性剂溶液中的 $\lg K_{mc}$ 与 $\lg K_{ow}$ 呈线性关系(图 4-14)。

表 4-5　表面活性剂对 PAHs 的摩尔增溶比(MSR)及胶束/水分配系数(K_{mc})

表面活性剂	PAHs	MSR	$\lg K_{mc}$
DTMG-CO₂/Tween80 (3∶7)	芘	4.4×10^{-3}	6.16
	菲	1.6×10^{-1}	5.78
	蒽	6.6×10^{-3}	5.76
Tween80	芘	1.3×10^{-2}	5.93
	菲	1.4×10^{-2}	5.58
	蒽	4.4×10^{-3}	5.57
DTMG-CO₂	芘	5.4×10^{-3}	5.40
	菲	2.8×10^{-2}	5.15
	蒽	1.1×10^{-3}	5.12

混合表面活性剂体系对 PAHs 的协同增溶作用的程度可用 ΔS 表示:

$$\Delta S = [(S_w^* - S_{w1}^* - S_{w2}^*) / (S_{w1}^* + S_{w2}^*)] \times 100\% \qquad (4-5)$$

式中,S_w^* 代表 PAHs 在混合表面活性剂体系中的表观溶解度;S_{w1}^* 和 S_{w2}^* 分别代表 PAHs 在相同浓度下单一非离子型表面活性剂和阳离子表面活性剂溶液中的表观溶解度。

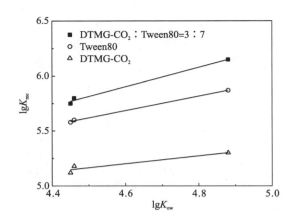

图 4-14　表面活性剂溶液中 PAHs 的 $\lg K_{mc}$ 和 $\lg K_{ow}$ 关系

DTMG-CO₂/Tween80（3∶7）在浓度为 1000mg/L 时，对芘、菲、蒽的协同增溶程度如表 4-6 所示。由表 4-6 可以看出当 DTMG-CO₂/Tween80（3∶7）混合表面活性剂溶液体系浓度为 1000mg/L 时，水中芘、菲、蒽的溶解度分别增大 96.4 倍、35.7 倍、32.5 倍。并通过计算得出 DTMG-CO₂/Tween80（3∶7）混合表面性剂体系对芘、菲、蒽的协同增溶作用分别为相同浓度的单一阳离子表面活性剂和非离子型表面活性剂增溶量之和的 1.48 倍、1.05 倍和 1.22 倍。

表 4-6　混合表面活性剂体系对 PAHs 的协同增溶程度

	S_w^*/S_w			$\Delta S\%$
	DTMG-CO₂	Tween80	D∶T（3∶7）	
芘	26.8	38.2	96.4	48.3
菲	15.1	18.9	35.7	5.0
蒽	12.7	13.9	32.5	22.2

单一表面活性剂、混合表面活性剂体系均能显著增溶 PAHs，但混合表面活性剂体系对 PAHs 的增溶作用最大，从环保角度，CMC 低的表面活性剂存在较大的应用前景，为表面活性剂溶液在疏水性有机污染土壤修复中的应用提供了一定的依据。

4.4　小　　结

DTMG 是新型的 CO₂"开关"表面活性剂，利用"开关"表面活性剂在活性态时具有形成胶束、增溶、降低表面张力及 CMC 等性能，而在非活性态时表面活性消失来解决 SER 技术中关键问题。本章主要从 DTMG 的合成、可逆调控及其对 PAHs 的增溶作用等方面进行研究，主要结论如下：

（1）通过比较 DTMG 表面活性剂在不同状态下的表面张力，说明 DTMG 表面活性剂具有良好的可逆变化能力。确定了在常温下通入 CO$_2$ 后生成的 DTMG-CO$_2$、在 80℃下通入 N$_2$ 后生成的 DTMG 和再次通入 CO$_2$ 后生成的 DTMG-CO$_2$ 的 CMC 分别为 0.40mmol/L、1.50mmol/L 及 0.38mmol/L，DTMG 和 DTMG-CO$_2$ 可逆切换过程迅速，25min 即可完成一个循环。

(2) DTMG-CO$_2$ 对 PAHs 具有显著的增溶作用，增溶作用大小顺序为芘>菲>蒽，在浓度为 4mmol/L 时水中芘、菲、蒽的溶解度分别增大 32.4 倍、17.1 倍、14.6 倍，这与 PAHs 的 K_{ow} 及 K_{mc} 有关。K_{ow} 越大，憎水性越强，K_{mc} 也就越大，增溶作用也越显著；DTMG-CO$_2$ 在 80℃下通入 N$_2$ 后，离子络合物 DTMG-CO$_2$ 解体生成 DTMG 单体，胶束解散，表面活性降低，对芘、菲、蒽的摩尔增溶比分别下降 79.6%、69.5%、69.1%，若再通入 CO$_2$ 后其增溶能力可恢复。

(3) 表面活性剂由活性态 DTMG-CO$_2$ 转化到非活性态 DTMG 时，PAHs 会被释放出来。在表面活性剂浓度低时，PAHs 释放率较大，而随着表面活性剂浓度的增加，PAHs 释放率逐渐降低；在同一浓度时表面活性剂对 PAHs 的释放率大小顺序为蒽>菲>芘，且与表面活性剂对三种目标污染物的增溶能力成反比。与常规表面活性剂 CTAB 相比，DTMG-CO$_2$ 表面活性剂具有较好的增溶能力，存在良好的应用前景。

(4) 不同质量配比的 DTMG-CO$_2$/Tween80 混合表面活性剂体系对芘都能产生显著的增溶作用，在质量比为 3：7 时对芘的增溶作用最大。混合表面活性剂体系 DTMG-CO$_2$/Tween80 对芘产生协同增溶作用的主要原因是非离子型表面活性剂和阳离子表面活性剂分子同时存在时，胶束表面的电荷密度会减少，且两种表面活性剂分子疏水基的碳氢链间因疏水性相互作用而相互靠在一起，形成二聚体或多聚体，使得混合表面活性剂在溶液中更容易形成胶束，表面活性剂的表面张力及 CMC 降低，芘在混合胶束中的 K_{mc} 增大，故增溶作用增强。

(5) 质量比为 3：7 的 DTMG-CO$_2$/Tween80 混合表面活性剂体系对 PAHs 具有显著的增溶作用，增溶作用大小顺序为芘>菲>蒽，在浓度为 1000mg/L 时水中芘、菲、蒽的溶解度分别增大 96.4 倍、35.7 倍、32.5 倍，这与单一表面活性剂一样，都与 PAHs 的 K_{ow} 及 K_{mc} 有关；混合表面活性剂体系对芘、菲、蒽的协同增溶作用分别为相同浓度的单一阳离子表面活性剂和非离子型表面活性剂增溶量之和的 1.48 倍、1.05 倍和 1.22 倍。

参 考 文 献

[1] Liu Y X, Jessop P G, Cunningham M, et al. Switchable surfactants[J]. Science, 2006, 313(5789):958-960.

[2] 沈钟, 赵振国, 王果庭. 胶体与表面化学[M]. 第 3 版. 北京: 化学工业出版社, 2004.

[3] Chiou C T, Malcolm R L, Brinton T I, et al. Water solubility enhancement of some organic pollutants and pesticides by dissolved humic and fulvic acids[J]. Environmental Science & Technology, 1986, 20(5):502-508.

[4] Yaws C L.Chemical properties handbook[M]. New York: McCraw-Hill Book Company, 1999.

[5] Chiou C T, Kile D E, Brinton T I, et al. A comparison of water solubility enhancements of organic solutes by aquatic humic materials and commercial humic acids[J]. Environmental Scinece & Technology, 1987, 21(12):1231-1234.

[6] Butler E C, Hayes K F. Micellar solubilization of nonaqueous phase liquid contaminants by nonionic surfactant mixtures : Effects of sorption, partitioning and mixing[J]. Water Research, 1998, 32(5):1345-1354.

第5章 电化学"开关"表面活性剂可逆增溶修复有机污染土壤

电化学"开关"表面活性剂也是一类较为常见的具有可逆特性的表面活性物质,即通过电化学氧化还原方法控制其功能基团的极性,从而实现胶束的形成与破坏。本章以电化学"开关"表面活性剂(十一烷基二茂铁三甲基溴化铵,FTMA)为模型,研究该表面活性剂的表面性质及电化学可逆特性;重点探讨二茂铁表面活性剂对 PAHs 的可逆增溶作用及其活性态与非活性态间切换过程中的污染物释放规律;研究阳-非离子型混合表面活性剂对 PAHs 的协同增溶作用及机理。同时,围绕降低表面活性剂在土壤上的吸附损失、提高表面活性剂对污染物的增溶洗脱效率,研究单一 FTMA 及其混合表面活性剂在土壤上的吸附行为,以期找出新型、高效的增溶体系,降低修复成本,提高修复效率,为实现经济、高效的 RSER 技术提供基础理论依据和技术支撑。

5.1 FTMA 的电化学可逆特性

5.1.1 FTMA 的表面张力与临界胶束浓度

图 5-1 为 FTMA 溶液表面张力随浓度对数值的变化曲线。由图 5-1 可知,FTMA 可显著降低水的表面张力,在一定浓度范围内表面张力随着 FTMA 浓度的增加而降低。在

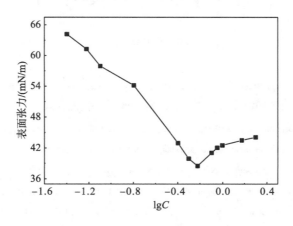

图 5-1 FTMA 的表面张力曲线

FTMA 浓度为 0.6mmol/L 处表面张力曲线出现明显的折点,由曲线的拐点附近切线交点求取 CMC,由此可得 FTMA 的临界胶束浓度为 0.6mmol/L,与之对应的表面张力为 38.5mN/m。表面活性剂在浓度为 CMC 时溶解度最大,这将为后面表面活性剂体系的构建提供依据。

5.1.2　FTMA 的电化学行为

在一次扫描过程中循环极谱波完成一个氧化和还原过程的循环。从循环伏安图中可测得阴极峰电流 I_{pc} 和峰电位 φ_{pc}、阳极峰电流 I_{pa} 和峰电位 φ_{pa}。对于可逆反应,曲线上下对称,此时上下峰电流的比值及峰电位的差值分别为

$$\frac{I_{pa}}{I_{pc}} \approx 1, \Delta\varphi = \varphi_a - \varphi_c = \frac{2.2RT}{zF} = \frac{56}{z} \text{mV}(25℃) \tag{5-1}$$

当电极表面同时发生受溶液中反应物扩散控制的电极反应及电化学吸脱附反应时,会出现如图 5-2 所示的不同浓度下 FTMA 的循环伏安(CV)曲线[1]。由图 5-2 可知,FTMA 的氧化峰和还原峰电位分别为 0.457V 和 0.416V(vs.SCE),峰电位之差 ΔE_p=41mV,峰电流之比 I_{pa}/I_{pc}=1.26,因此该表面活性剂具有良好的电化学可逆变换特性。且当 FTMA 浓度为 0.01mmol/L,低于 CMC 时,其 CV 图呈现一对相对称的氧化-还原峰,如图 5-2(a)所示。此时,电化学反应主要以吸附控制为主,且 FTMA 分子主要以吸附于玻碳电极表面而发生电化学反应[2];当 FTMA 的浓度为 0.6mmol/L,接近于 CMC 时,CV 曲线中出现了另一对以扩散控制为主的氧化-还原峰,如图 5-2(b)所示。此时,玻碳电极表面吸附的 FTMA 分子已饱和,开始出现表面活性剂胶束扩散于溶液中形成的电流峰。当 FTMA 的浓度为 1.8mmol/L,大于 CMC 时,出现典型的以扩散控制为主的氧化-还原峰,如图 5-2(c)所示,且从图中可知,吸附控制的氧化峰电位(0.54V)大于扩散控制的氧化峰电位(0.45V)。

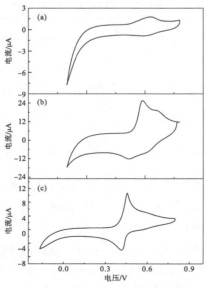

图 5-2　不同浓度 FTMA 在 0.2mol/L Li$_2$SO$_4$ 溶液中的循环伏安曲线(10mV/s)

由以上实验结果可知，FTMA 表现出较为典型的可逆电极过程的特征。根据 Randles-Sevcik 方程可得到峰电流与扫描速度之间的关系为

$$I_p = 0.4463(nF)^{3/2}AcD^{1/2}(RT)^{-1/2}v^{1/2} \tag{5-2}$$

式中，n 为电子交换数；F 为法拉第常数；A 为工作电极的表面积；c 为电活性物质的初始浓度；D 为其扩散系数；v 为扫描速度。

以 $\lg v$ 和 $\lg I_{pc}$ 分别为横、纵坐标作图，其变化曲线如图 5-3 所示。从图 5-3 可知，FTMA 的氧化峰电流随扫描速度的增加而增大，而且在不同扫描速度下 $\lg I_{pc}$ 与 $\lg v$ 呈现较好的线性关系。由表 5-1 可知，当 FTMA 浓度在 0.01～1.80mmol/L 时，$\lg I_{pc}$-$\lg v$ 的斜率介于 0.5～1.0。当斜率为 0.5 时，为纯扩散控制；斜率为 1.0 时，为纯吸附控制；斜率介于 0.5～1.0 时，为吸附-扩散混合控制。

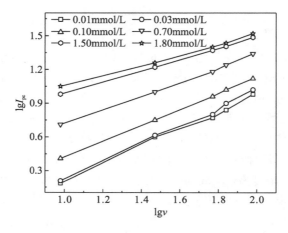

图 5-3　$\lg I_{pc}$ 与 $\lg v$ 间的关系曲线

表 5-1　不同浓度下 $\lg I_{pc}$-$\lg v$ 直线的斜率

浓度/(mmol/L)	相关系数	直线斜率
0.01	0.9996	0.826
0.03	0.9995	0.824
0.10	0.9995	0.762
0.70	0.9998	0.676
1.50	0.9990	0.589
1.80	0.9992	0.580

由此可知，当 FTMA 的浓度大于 1.8mmol/L 时，$\lg I_{pc}$-$\lg v$ 直线斜率有接近 0.5 的趋势，即 I_{pc}-$v^{1/2}$ 呈现较好的线性关系；而浓度低于 0.01mmol/L 时，$\lg I_{pc}$-$\lg v$ 的斜率有接近 1 的趋势，即两者呈现良好的线性关系。由此可知，在 FTMA 浓度较高时，电子转移过程主要受扩散作用控制；随着 FTMA 浓度的减小，$\lg I_{pc}$-$\lg v$ 直线斜率逐渐增大，吸附现象的特征区域逐渐明显，反应由扩散控制逐渐转化为吸附控制，表明 FTMA 在低浓度时表现为一定的吸附-扩散混合控制趋势，这与前文所述一致。

5.1.3 FTMA 的可逆特性

FTMA 在氧化态和还原态的表面张力如图 5-4 所示。由图可见，氧化 FTMA 可以引起表面张力的变化，这种表面张力的变化是可逆的，且表面张力的大小随 FTMA 浓度的变化而变化。FTMA 在其还原态（FTMA）和氧化态（FTAM$^+$）时的表面张力均随浓度的增加而迅速降低，在浓度 0.6mmol/L 和 1.0mmol/L 附近均出现较为明显的突变，该浓度即为 FTMA 分别在氧化和还原状态下的 CMC。

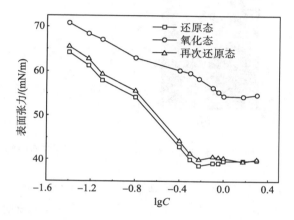

图 5-4　FTMA 在氧化态和还原态的表面张力

电化学氧化可引起 FTAM 胶束的破坏，使其成为表面活性剂单体分子[3]，如图 5-5 所示。这是由于二茂铁基团被氧化为二茂铁阳离子后，二茂铁阳离子之间的静电排斥作用增强，有利于二茂铁表面活性剂分子的分散。同时二茂铁基团经氧化后由二价疏水基变为三价亲水基，FTMA 变为两头双亲水基的表面活性剂，表面活性减弱，表面张力增大。然而由图 5-5 可知，氧化态的 FTMA 在一定程度上也能降低溶液表面张力，这说明较高浓度的氧化态溶液压缩了二茂铁基团的双电层，促使氧化单体形成胶束。

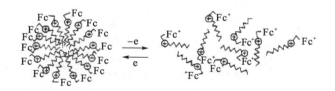

图 5-5　可逆胶束形成和破坏示意图

经过电化学氧化，FTMA 的物理化学性质发生了显著变化。表面活性剂溶液由黄色［图5-6(a)］逐渐转变为浅绿色［图5-6(b)］,待溶液颜色不再发生变化时,可初步确定 FTMA 氧化达到终点。实验过程中,每隔 7h 测定一次 FTMA 溶液的紫外吸收光谱。如图 5-6(c) 所示,FTMA 未经氧化时,在 430nm 附近出现最大吸收峰,随着氧化的进行,该吸收峰逐渐减弱，反应 21h 后，430nm 处的吸收峰已基本消失。再次说明 FTMA 被完全氧化为 FTMA⁺。同时，根据表面张力的变化也可说明 FTMA 从还原态向氧化态的转换，电化学氧化可引起 FTMA 表面张力的增大，当溶液表面张力随着氧化的进行达到一定值时，说明氧化已完成。

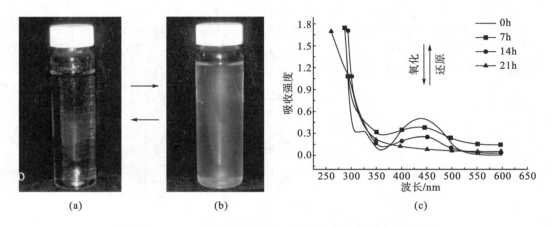

图 5-6   FTMA 溶液的颜色变化及紫外吸收光谱图（后附彩图）

FTMA 电化学氧化实验过程中，每隔 4 h 测定一次 FTMA 溶液的循环伏安曲线，如图 5-7 所示。由图 5-7 可知，随着氧化的进行，其氧化峰电流逐渐增大。二茂铁基团的氧化与还原即表现为 Fe^{2+}/Fe^{3+} 的氧化还原状态的变换，根据标准曲线 $I_{pa}=0.022n+0.04$（$n=[Fe^{3+}]/[Fe^{2+}]$），计算表面活性剂溶液中 FTMA⁺ 与 FTMA 浓度比值。如图 5-8 所示，氧化过程中 FTMA⁺ 浓度逐渐增大，且在 10h～15h 时氧化速率最大，在 24h 时 FTMA 的转化效率达到 90%。FTMA⁺ 通过电化学方法还原后可再次得到 FTMA，并恢复表面活性剂的各项物理化学性质，实现氧化还原态的可逆变换。

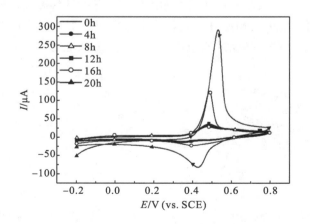

图 5-7   FTMA 溶液的循环伏安曲线

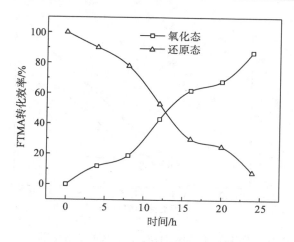

图 5-8　FTMA 的还原态和氧化态浓度随时间的变化

5.2　FTMA 对 PAHs 的可逆增溶作用

二茂铁及其衍生物是一种具有可逆氧化特性的典型电子媒介体,起着氧化还原基质与电极之间的电子传递作用,其光学性质可以通过可逆的电化学反应来改变,因而,二茂铁及其衍生物就可以作为控制光学性质的电化学开关。这类具有氧化还原效应的化合物不仅具有良好的表面活性及增溶作用,而且通过化合物所处的氧化态或还原态,可实现对反应的可逆控制。二茂铁表面活性剂是一类具有电化学可逆特性的化合物,二茂铁基团作电子受体可与其他物质进行有效分离是二茂铁表面活性剂的突出优点。基于二茂铁基化合物具有良好的、可逆的电化学特性以及在 SER 技术应用中的巨大前景,本节将详细研究二茂铁基"开关"表面活性剂对芘、菲、苊的可逆增溶作用。

5.2.1　FTMA 与其氧化态($FTMA^+$)对 PAHs 的增溶作用

纯水中芘、菲、苊的溶解度分别为 0.129mg/L、1.176mg/L、3.957mg/L(30℃下测定),溶解度非常低。但由于表面活性剂的加入,这类疏水性有机污染物与表面活性剂溶液相互接触时,大量的表面活性剂分子以胶束形式存在于水相中,胶束内核对 PAHs 分子的分配作用增大了其在水相的溶解度。图 5-9 呈现了 FTMA 溶液增溶 PAHs 能力与 FTMA 浓度的关系曲线。由图 5-9 可知,增加 FTMA 的浓度可以增强表面活性剂对目标污染物的增溶率。无论表面活性剂浓度在 CMC 以下还是以上,表面活性剂溶液对 PAHs 都有一定的增溶作用;但当表面活性剂浓度在 CMC 以上时,增溶作用更加显著。当 FTMA 浓度为 2mmol/L 时,水中芘、菲、苊的表观溶解度分别增大 25.0 倍、18.7 倍、3.6 倍。

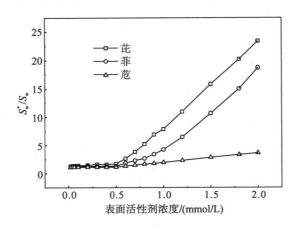

图 5-9　FTMA 对芘、菲、苊的增溶作用

　　表面活性剂增溶能力的大小可通过将胶束看作"分离相"来表述,计算溶质在胶束和水之间的分配系数[4]为

$$K_{mc} = X_{mc}/X_a \qquad (5\text{-}3)$$

式中,X_{mc} 为胶束中溶质的摩尔分数;X_a 为水中溶质的摩尔分数。X_{mc} 可表示为

$$X_{mc} = \frac{S_w^* - S_{w,cmc}^*}{(C - CMC) + (S_w^* - S_{w,cmc}^*)} MSR / (1 + MSR) \qquad (5\text{-}4)$$

其中,$X_a = S_{w,cmc}^* \cdot V_w$,$V_w$ 为水的摩尔体积(1.8×10^{-2} L/mol)。由此可以得到溶质在胶束-水之间的分配系数为

$$K_{mc} = 55.4 \times MSR / [(1 + MSR)] \qquad (5\text{-}5)$$

　　根据式(5-4)及式(5-5)计算得出 FTMA 溶液中 PAHs 的 MSR 及 K_{mc}(表 5-2)。与常规阳离子表面活性剂 CTAB 相比,FTMA 具有较强的增溶能力及对 PAHs 存在较好的分配作用,这也从侧面反映了二茂铁表面活性剂是一种较好的增溶剂,在污染土壤修复中有广泛的应用前景。由图 5-9 可看出,FTMA 对三种 PAHs 的增溶作用大小顺序为芘>菲>苊。PAHs 的 K_{ow} 越大,憎水性越强,K_{mc} 也越大,可见越难溶的有机污染物增溶作用越明显。FTMA 溶液中芘、菲、苊的 $\lg K_{mc}$ 与 $\lg K_{ow}$ 有较好的线性关系(图 5-10)。

表 5-2　FTMA 及 FTMA$^+$溶液中芘、菲、苊的摩尔增溶比(MSR)、胶束/水分配系数(K_{mc})

	芘		菲		苊	
	MSR	$\lg K_{mc}$	MSR	$\lg K_{mc}$	MSR	$\lg K_{mc}$
CTAB	1.6×10^{-2}	2.65	2.7×10^{-2}	2.09	4.4×10^{-2}	1.81
FTMA	2.1×10^{-2}	2.69	2.9×10^{-2}	2.37	5.3×10^{-2}	1.97
FTMA$^+$	2.6×10^{-3}	1.82	3.9×10^{-3}	1.48	7.7×10^{-3}	1.06

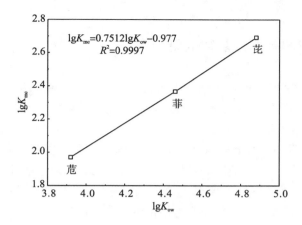

图 5-10　FTMA 溶液中芘、菲、苊的 $\lg K_{ow}$ 和 $\lg K_{mc}$ 的关系

FTMA^+对芘、菲、苊的增溶作用如图 5-11 所示。由图可知，通过电化学方法对 FTMA 氧化后，FTMA 胶束分解成为表面活性剂单体分子，从而使得 FTMA^+对芘、菲、苊的增溶作用大幅度减小，且 FTMA^+对芘、菲、苊的分配系数也较 FTMA 对目标污染物的要低。由表 5-2 可得，与 FTMA 相比，FTMA^+对芘、菲、苊的 MSR 分别减小了 87.6%、86.6%、85.5%。因此，FTMA 经电化学方法氧化后，表面活性及增溶能力急剧降低。

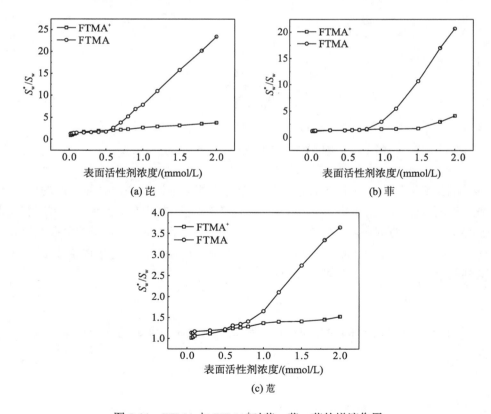

图 5-11　FTMA 与 FTMA^+对芘、菲、苊的增溶作用

5.2.2　FTMA 对 PAHs 释放规律的研究

二茂铁表面活性剂可以通过电化学的可逆调控，实现增溶污染物与胶束的增溶-释放循环，图 5-12 为电化学可逆调控 PAHs 增溶-释放过程示意图。当表面活性剂为表面活性态(还原态)时，表面活性剂分子处于聚集状态且溶解的 PAHs 被稳定地包裹于胶束中(A)。通过电化学氧化，二茂铁基团被氧化为二茂铁阳离子，离子之间的静电排斥作用增强使胶束解散，此时表面活性剂处于非表面活性态。与此同时，溶解于胶束中的 PAHs 分子得以释放(B)。将表面活性剂溶液与污染物分离，对胶束解散后的表面活性剂单体溶液进行电化学还原的逆向调控，表面活性剂恢复增溶活性，重新形成胶束(C)，可循环使用。如此，实现了二茂铁表面活性剂增溶-分离-回收的循环过程，降低了成本，控制了表面活性剂排放引起的二次污染，为推动 SER 技术在解决有机土壤污染中的应用开辟了新途径。

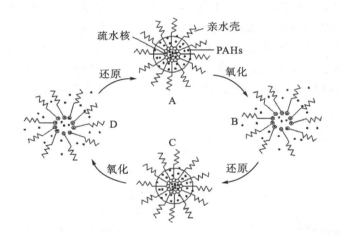

图 5-12　电化学可逆调控 PAHs 增溶-释放过程示意图

对已饱和增溶污染物的 FTMA 溶液进行电化学氧化使污染物与表面活性剂分子分离，测定最终表面活性剂溶液中剩余 PAHs 的量，污染物的释放率随表面活性剂浓度变化关系如图 5-13 所示。由图可知，当二茂铁表面活性剂浓度大于 CMC 时，释放率曲线存在明显的变化，说明 FTMA 在 CMC 前后释放率存在明显的区别。为了定量地描述 FTMA 对目标污染物的氧化释放率，定义累积释放率(R)如下：

$$R = \frac{S_{w1}^{*} - S_{w2}^{*}}{S_{w1}^{*}} \tag{5-6}$$

式中，S_{w1}^{*} 和 S_{w2}^{*} 分别表示 FTMA 在还原态和氧化态对芘、菲、蒽的表观增溶量。

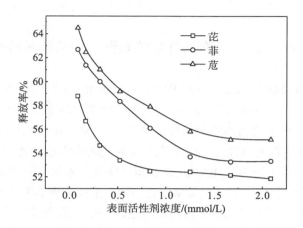

图 5-13　FTMA 表面活性剂浓度对芘、菲、苊释放率的影响

由图 5-13 可知，在低表面活性剂浓度区域污染物的释放率是较大的，随着浓度的增加，释放率逐渐降低，而且浓度一定时苊的释放率要比菲和芘的大。这是因为苊本身具有较强的水溶性，而且其分配能力较菲和芘的弱。在 FTMA 溶液浓度一定的条件下，苊、菲和芘的释放率依次降低，这与 FTMA 对三者的增溶规律相反。在任一表面活性剂浓度下，仍有 20%以上的 PAHs 无法与表面活性剂分子分离释放。这主要是由于溶液中表面活性剂胶束和单体均会对有机物产生增溶作用，胶束具有疏水性有机微环境，对有机物的增溶作用显著；单体的增溶作用相对较弱，但电化学氧化后所形成的表面活性剂单体仍会对少量有机污染物产生增溶作用而无法与之分离。另外，还可能是分子间相互作用力的存在使得有机污染物无法完全释放。

5.3　二茂铁混合表面活性剂的协同增溶作用

在实际污染土壤修复过程中，淋洗液的配制多采用混合表面活性剂，混合体系具有较小的 CMC，对有机污染物增溶具有协同效用，且达到同样的修复效果所需的混合表面活性剂用量要大大低于单一表面活性剂的用量，从而可减少 SER 技术的运行成本。因而，为促进 RSER 技术的应用，研究"开关"表面活性剂与常规表面活性剂的复配及其增溶作用极为重要。基于此，我们选用 FTMA 和常规非离子型表面活性剂 Tween80 组成阳-非离子型混合表面活性剂，选择芘、菲、苊作为 PAHs 的代表，研究在 PAHs/水体系中，混合表面活性剂对 PAHs 的增溶作用，并与单一表面活性剂进行比较；考察水相中混合表面活性剂对 PAHs 的协同增溶作用和表面活性剂的最佳配比。目的在于提高表面活性剂的增溶效率、降低表面活性剂的用量，为土壤和地下水有机污染修复提供新的可能途径，丰富基于表面活性剂的增溶修复理论。

5.3.1　FTMA-Tween80 混合表面活性剂的表面张力与临界胶束浓度

　　图 5-14 为单一 FTMA、Tween80 和 FTMA-Tween80 混合溶液的表面张力与表面活性剂浓度对数之间的关系。FTMA-Tween80 混合体系中 FTMA 的质量分数分别为 0.1、0.2、0.3、0.5 和 0.8。图中最外边的两条曲线分别是单一 FTMA 和 Tween80 的表面张力曲线，混合表面活性剂的表面张力曲线处于两个纯组分的表面张力曲线之间，曲线对应的折点分别是单一和混合表面活性剂的 CMC。混合表面活性剂体系的表面张力曲线与单一表面活性剂的表面张力曲线相似，但对应的 CMC 变化稍有不同。表 5-3 显示了混合表面活性剂的 CMC 与混合表面活性剂组成之间的关系。在任意混合表面活性剂比例下，FTMA-Tween80 的临界胶束浓度分别较单一的 FTAM 和 Tween80 小，即非离子型表面活性剂 Tween80 的加入会使 FTMA 溶液的 CMC 明显降低，且在 FTMA：Tween80=2：8 时，混合表面活性剂的 CMC 最低。一般地，表面活性剂的 CMC 越低，表面活性剂对憎水性有机物的增溶程度越大[5]。因此，从 CMC 数据看，采用阳-非离子型混合表面活性剂增溶 PAHs 较单一 FTMA 更具优势。

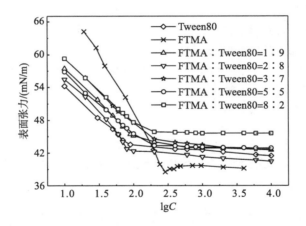

图 5-14　单一 FTMA、Tween80 和 FTMA-Tween80 混合溶液的表面张力曲线

表 5-3　单一 FTMA、Tween80 和 FTMA-Tween80 混合体系的 CMC

单一	CMC/(mmol/L)	混合	CMC/(mmol/L)
		FTMA：Tween80=1：9	0.099
		FTMA：Tween80=2：8	0.082
FTMA	0.600	FTMA：Tween80=3：7	0.132
Tween80	0.020	FTMA：Tween80=5：5	0.238
		FTMA：Tween80=8：2	0.276

　　基于理想混合理论，二组分混合表面活性剂的临界胶束浓度可以表示为[6]

$$\frac{1}{C_{1,2}^*} = \frac{\alpha}{C_1} + \frac{1-\alpha}{C_2} \tag{5-7}$$

式中，$C_{1,2}^*$ 为理想混合时混合表面活性剂的临界胶束浓度；α 为表面活性剂组分 1 在混合体系中的摩尔分数，组分 2 在混合体系中的摩尔分数为 $1-\alpha$；C_1 和 C_2 分别是单一表面活性剂 1 和 2 的临界胶束浓度。

混合胶束中阳离子表面活性剂和非离子型表面活性剂分子之间的相互作用参数 β 可通过式(5-8)和式(5-9)获得。

$$\frac{X_1^2 \ln(\alpha C_{1,2} / X_1 C_1)}{(1-X_1)^2 \ln\left[(1-\alpha)C_{1,2} / (1-X_1)C_2\right]} = 1 \tag{5-8}$$

$$\beta = \frac{\ln(\alpha C_{1,2} / X_1 C_1)}{(1-X_1)^2} \tag{5-9}$$

式中，$C_{1,2}$ 为组分 1 的摩尔分数为 α 时混合表面活性剂的实际临界胶束浓度；X_1 是表面活性剂组分 1 在混合胶束中的摩尔分数；$1-X_1$ 是表面活性剂组分 2 在混合胶束中的摩尔分数；C_1 和 C_2 分别是单一表面活性剂 1 和 2 的临界胶束浓度；相互作用参数 β 可用来衡量两种表面活性剂分子在胶束中作用的性质和程度。

通过分别测定不同浓度的单一和混合表面活性剂溶液的表面张力，以表面张力-表面活性剂浓度的平方根作图得到临界胶束浓度(表 5-3)。通过式(5-8)计算 X_1，代入式(5-9)可得相互作用参数[6,7]。

表 5-4 中列出了单一 FTMA 的临界胶束浓度 C_1，单一 Tween80 临界胶束浓度 C_2，以及 FTMA-Tween80 质量比为 1:9、2:8、3:7、5:5、8:2 时混合表面活性剂的临界胶束浓度 $C_{1,2}$。通过计算得到混合表面活性剂相互作用参数 β，结果列于表 5-4。

表 5-4　FTMA、Tween80 和 FTMA-Tween80 的临界胶束浓度和相互作用参数

质量比 (FTMA:Tween80)	α	$1-\alpha$	$C_{1,2}^*$ /(mmol/L)	$C_{1,2}$ /(mmol/L)	X_1	β
0:10				0.2000		
1:9	0.2328	0.7672	0.1241	0.0994	0.3362	-4.9144
2:8	0.4057	0.5943	0.1511	0.0823	0.4020	-5.5296
3:7	0.5392	0.4608	0.1816	0.1323	0.4175	-3.7018
5:5	0.8643	0.1357	0.3575	0.2380	0.4809	-3.1558
8:2	0.9161	0.0839	0.4227	0.2760	0.6300	-2.9376
10:0				0.6000		

按理想混合计算出的临界胶束浓度 $C_{1,2}^*$ 与混合表面活性剂实际临界胶束浓度 $C_{1,2}$ 之间存在明显差异(图 5-15)，这说明 FTMA-Tween80 在水溶液中形成了混合胶束。相互作用参数 β 的平均值为-3.93，表明 FTMA 和 Tween80 分子在混合胶束中具有相互吸引的作用，β 越小，相互吸引作用越强。由表 5-4 可知，FTMA:Tween80=2:8 时相互作用参数 β 最小，则表面活性剂间的相互作用力最强。需要特别指出的是，以胶束形式存在的表面活性

剂分子比以单体形式存在的表面活性剂分子具有更强的热力学稳定性。因此，在有机液-水或土壤-水体系中，必然存在着有机液相或土壤固相和胶束"假相"对水相中表面活性剂单体的竞争作用，即胶束"假相"的存在对表面活性剂单体分子分配进入有机液相或吸附至土壤固相表面产生了抑制作用。若水相表面活性剂单体分子胶束化倾向愈强，胶束"假相"愈稳定，则表面活性剂单体分子的分配作用或吸附作用愈弱。

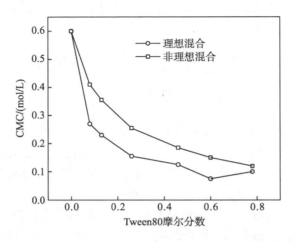

图 5-15　混合 FTMA-Tween80 临界胶束浓度与 Tween80 摩尔分数的关系

5.3.2　FTMA-Tween80 混合表面活性剂对 PAHs 的增溶作用及协同作用机理

以往研究发现，在适宜的配比下，混合表面活性剂溶液能对 PAHs 产生协同增溶作用[8]。在一定的配比下，混合表面活性剂的协同作用出现极大值，为单一表面活性剂增溶作用之和的几倍甚至十几倍。因此，为了进一步讨论并完善协同增溶作用及其机理，本节比较研究二茂铁阳离子表面活性剂 FTMA 与常规非离子型表面活性剂 Tween80 混合体系对 3 种 PAHs 的增溶作用。

将实验所采用的不同配比混合表面活性剂对芘、菲、苊的增溶作用曲线作图 5-16。从图中可以明显看出，FTMA-Tween80 混合表面活性剂在各配比下，都较单一表面活性剂FTMA 与 Tween80 有更好的增溶能力。尤其在 FTMA：Tween80=2：8 时，混合表面活性剂对三种 PAHs 的增溶能力均最强，主要是因为两种表面活性剂在 2：8 的配比下，分子之间相互的吸引能力最强，形成的混合表面活性剂 CMC 最低。因此，在适宜的配比下，该阳-非离子型混合表面活性剂体系对 PAHs 能产生显著的协同增溶作用。实验结果显示，不同配比的阳-非离子型混合表面活性剂协同增溶作用的大小顺序为 FTMA：Tween80（2：8）＞FTMA：Tween80（1：9）＞FTMA：Tween80（3：7）＞FTMA：Tween80（5：5）＞FTMA：Tween80（7：3）＞FTMA：Tween80（0：10）＞FTMA：Tween80（10：0），即随着非离子型表面活性剂 Tween80 加入量的增加，其协同增溶作用也增强。混合表面活性剂对 3 种 PAHs 的增溶作用大小顺序为芘>菲>苊，这与单一 FTMA对 3 种 PAHs 的增溶作用规律一致。

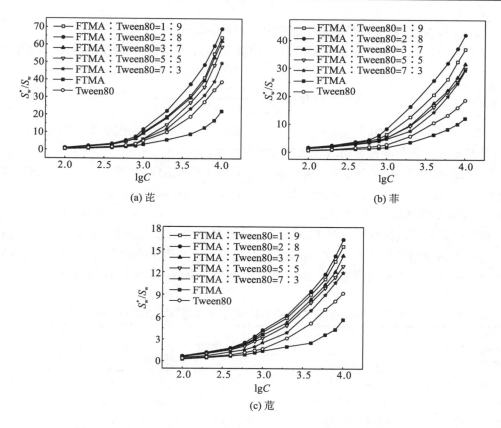

图 5-16　FTMA-Tween80 混合表面活性剂对芘、菲、苊的增溶作用

　　在表面活性剂修复的应用中，许多因素会影响表面活性剂对污染土壤的淋洗效率，包括吸附、沉淀和表面活性剂在有机相中的分配等，这些因素将造成表面活性剂的损失，降低其使用效率。因此，应当选择在环境条件下能有效去除有机污染物的表面活性剂，提高表面活性剂的使用效率。在实验条件下，当表面活性剂用量相同时，使用混合FTMA-Tween80 溶液可以将更多的 PAHs 溶解于水相中，说明混合 FTMA-Tween80 的增溶作用优于单一表面活性剂 FTMA 或 Tween80。例如，当表面活性剂浓度为 10000mg/L时，使用质量比为 2∶8 的 FTMA-Tween80 溶液所产生的芘、菲、苊的表观溶解度分别是使用单一 FTMA 时的 3.42 倍、3.13 倍、2.90 倍和单一 Tween80 时的 2.24 倍、1.78 倍、1.76倍。对于给定的体系，表面活性剂对污染物的增溶程度越大、增溶效率越高，修复时需要的表面活性剂孔体积就越小，因此可大大降低修复应用中所需的试剂成本和运作成本。

　　在 CMC 以上，MSR 可用来定量描述某种表面活性剂的增溶能力[9]。而市售表面活性剂多以质量定价，因此以质量增溶比（weight solubilization ratio，WSR）衡量表面活性剂增溶容量更直观，它表示增大单位体积内表面活性剂的质量所引起的溶质表观溶解度的增大。当以增溶比衡量表面活性剂增溶容量时，MSR 与 WSR 存在如下关系：

$$\mathrm{WSR} = \mathrm{MSR} \times \frac{M_{\mathrm{PAH}}}{M_{\mathrm{surf}}} = \frac{S_{\mathrm{PAH,mc}}^{*} - S_{\mathrm{PAH,cmc}}^{*}}{C_{\mathrm{surf}} - \mathrm{CMC}} \times \frac{M_{\mathrm{PAH}}}{M_{\mathrm{surf}}} \tag{5-10}$$

式中，M_{surf} 和 M_{PAH} 分别为表面活性剂和溶质的摩尔质量。

根据式（5-10）可得，混合表面活性剂的质量增溶比 WSR 与摩尔增溶比 MSR 的关系为

$$WSR = MSR \times \frac{M_{PAH}}{X_{non}M_{non} + (1-X_{non})M_{ca}} \tag{5-11}$$

式中，M_{non} 和 M_{ca} 分别为非离子型表面活性剂和阳离子表面活性剂的摩尔质量；X_{non} 为非离子型表面活性剂在混合表面活性剂中的摩尔分数。

通过图 5-17 中直线的斜率分别计算单一和混合表面活性剂对芘、菲、苊的摩尔增溶比 MSR、质量增溶比 WSR、胶束/水分配系数 K_{mc}（表 5-5）。混合表面活性剂的 WSR 均大于单一 FTMA 的 WSR，在质量比为 2∶8 时，还大于单一 Tween80 的 WSR。由此可知，使用相同质量的表面活性剂，当 FTMA-Tween80 的混合质量比为 2∶8 时，其所引起的 3 种 PAHs 的表观溶解度比单一 Tween80 所引起的大。增溶量的大小可以作为增溶修复时混合表面活性剂的选择依据之一，因此，该比例为最合适的表面活性剂配比。

表 5-5　混合表面活性剂中 PAHs 的摩尔增溶比（MSR）、质量增溶比（WSR）、胶束/水分配系数（K_{mc}）

质量比 (FTMA∶Tween80)	MSR			WSR			$\lg K_{mc}$		
	芘	菲	苊	芘	菲	苊	芘	菲	苊
0∶10	3.7×10^{-2}	4.2×10^{-2}	9.3×10^{-2}	1.6×10^{-2}	1.6×10^{-2}	2.9×10^{-2}	2.67	2.41	2.01
1∶9	6.7×10^{-2}	7.0×10^{-2}	1.4×10^{-1}	1.6×10^{-2}	1.7×10^{-2}	2.8×10^{-2}	2.92	2.66	2.13
2∶8	8.0×10^{-2}	8.2×10^{-2}	1.6×10^{-1}	1.9×10^{-2}	1.7×10^{-2}	3.1×10^{-2}	2.95	2.71	2.19
3∶7	6.4×10^{-2}	6.5×10^{-2}	1.3×10^{-1}	1.5×10^{-2}	1.6×10^{-2}	2.7×10^{-2}	2.85	2.66	2.08
5∶5	5.7×10^{-2}	6.2×10^{-2}	1.1×10^{-1}	1.4×10^{-2}	1.5×10^{-2}	2.3×10^{-2}	2.81	2.43	2.07
7∶3	5.3×10^{-2}	5.9×10^{-2}	1.0×10^{-1}	1.4×10^{-2}	1.3×10^{-2}	2.1×10^{-2}	2.70	2.42	2.02
10∶0	2.1×10^{-2}	2.9×10^{-2}	5.3×10^{-2}	3.2×10^{-3}	3.9×10^{-2}	6.2×10^{-3}	2.69	2.37	1.97

由以上研究可知，混合表面活性剂 FTMA-Tween80 对芘、菲、苊存在明显的协同增溶作用。其协同增溶作用可用下式表示：

$$\Delta S = \left[S_w^* - (S_1^* + S_2^* - S_w)\right]/(S_1^* + S_2^* - S_w) \times 100 \tag{5-12}$$

式中，ΔS 表示阳-非离子型混合表面活性剂对 PAHs 的协同增溶程度，%；S_w^* 是混合表面活性剂溶液中 PAHs 的表观溶解度，mg/L；S_1^* 为单一阳离子表面活性剂（FTMA，其浓度与混合体系中单一阳离子表面活性剂相同时）溶液中 PAHs 的表观溶解度，mg/L；S_2^* 为单一非离子型表面活性剂（Tween80，其浓度与混合体系中单一非离子型表面活性剂相同时）溶液中 PAHs 的表观溶解度，mg/L；S_w 为 PAHs 在纯水中的溶解度，mg/L。混合表面活性剂对 PAHs 的协同增溶作用如表 5-6～表 5-8 和图 5-17 所示。

表 5-6　混合表面活性剂对芘的协同增溶作用

PAHs	表面活性剂浓度/(mg/L)	ΔS/%				
		FTMA：Tween80=1∶9	FTMA：Tween80=2∶8	FTMA：Tween80=3∶7	FTMA：Tween80=5∶5	FTMA：Tween80=7∶3
芘	100	19.45	29.09	10.55	8.733	5.66
	200	22.39	32.98	16.39	10.96	7.32
	400	27.27	37.22	21.27	13.71	9.58
	600	30.42	43.63	25.71	16.62	12.78
	800	34.76	49.27	29.95	20.26	16.42
	1000	40.83	56.84	32.73	27.98	20.04
	2000	35.83	47.14	28.31	24.29	16.15
	4000	30.97	36.08	24.83	20.27	13.99
	6000	22.32	29.06	17.18	15.74	11.90
	8000	20.66	25.59	15.47	12.38	8.76
	10000	18.77	19.92	12.71	9.13	6.87

表 5-7　混合表面活性剂对菲的协同增溶作用

PAHs	表面活性剂浓度/(mg/L)	ΔS/%				
		FTMA：Tween80=1∶9	FTMA：Tween80=2∶8	FTMA：Tween80=3∶7	FTMA：Tween80=5∶5	FTMA：Tween80=7∶3
菲	100	17.21	24.93	8.36	6.74	4.57
	200	19.80	28.56	10.70	8.40	5.76
	400	21.51	32.33	16.05	10.69	8.63
	600	23.78	34.60	18.56	13.81	11.03
	800	26.78	41.57	22.63	18.61	14.30
	1000	38.46	49.04	34.34	22.84	17.78
	2000	33.87	43.43	29.54	19.22	13.53
	4000	21.17	36.94	21.26	16.24	11.07
	6000	20.10	27.37	15.50	13.57	8.82
	8000	19.41	21.28	13.94	9.74	6.43
	10000	17.10	18.51	10.02	7.29	5.17

表 5-8　混合表面活性剂对苊的协同增溶作用

PAHs	表面活性剂浓度/(mg/L)	ΔS/%				
		FTMA：Tween80=1∶9	FTMA：Tween80=2∶8	FTMA：Tween80=3∶7	FTMA：Tween80=5∶5	FTMA：Tween80=7∶3
苊	100	9.98	15.02	4.77	3.12	2.28
	200	12.84	20.27	7.05	5.66	4.14
	400	15.62	24.90	9.80	7.72	5.91
	600	17.71	27.53	11.28	9.97	8.01
	800	21.98	34.24	15.53	12.67	10.70
	1000	32.67	41.79	20.74	10.88	8.19
	2000	25.26	32.00	11.73	8.84	6.70
	4000	17.09	22.87	8.83	6.32	5.40
	6000	13.27	19.18	6.19	5.14	4.69
	8000	7.69	13.55	4.51	4.04	3.96
	10000	4.09	10.15	2.50	3.30	2.51

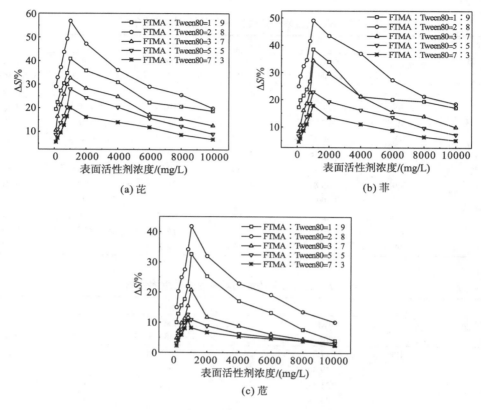

图 5-17　混合表面活性剂对芘、菲、苊的协同增溶作用

　　由表 5-6～表 5-8 和图 5-17 可以看出，协同增溶作用的总体趋势是当混合表面活性剂浓度较小即超过其 CMC 不多的时候，协同增溶作用比较大，然后就逐渐变小，在表面活性剂总浓度为 1000mg/L 时，协同增溶作用达到最大，且协同增溶程度最大达到 56.84%。不同质量比的 FTMA-Tween80 混合溶液协同增溶作用大小顺序为 FTMA：Tween80（2：8）＞FTMA：Tween80（1：9）＞FTMA：Tween80（3：7）＞FTMA：Tween80（5：5）＞FTMA：Tween80（7：3），协同增溶作用越大，说明表面活性剂的使用效率越大，即可以节省越多的表面活性剂，因此对于 SER 技术也有一定的实际应用意义。混合表面活性剂对 PAHs 产生协同增溶作用的主要原因有：①阳离子表面活性剂与非离子型表面活性剂形成混合胶束和混合吸附层，使原来带正电荷的表面活性剂离子间的排斥作用减弱，胶束更易形成，从而使混合表面活性剂的 CMC 较单一表面活性剂有较大程度的降低；②PAHs 在阳-非离子型混合表面活性剂胶束中的分配系数 K_{mc} 增大，即增溶作用增强。

5.3.3　FTMA-Tween80 混合表面活性剂对 PAHs 的释放规律

　　5.3.2 节中已对 FTMA 溶液增溶释放有机污染物的规律进行了探讨研究，利用此类电化学"开关"表面活性剂可实现表面活性剂与增溶污染物的有效分离。由前部分研究可知，

FTMA 表面活性剂溶液完成增溶后，在电化学氧化的作用下，污染物的释放率可达 60% 以上，实现了表面活性剂循环利用的目的。接下来在上述研究的基础上，本节对混合表面活性剂体系的增溶释放规律进行研究。图 5-18 为 FTMA-Tween80 混合溶液中芘、菲、苊 3 种污染物释放率随时间的变化曲线。据图 5-18 可知，污染物的释放率随着氧化的进行逐渐增大，由曲线斜率可得，前 10h 污染物的释放率较后 10h 要快；对于不同质量比的混合表面活性剂溶液，污染物释放率随着 FTMA 浓度的增加逐渐增大，在 FTMA：Tween80=7：3 时，污染物释放率已与单一的 FTMA 溶液中污染物释放率接近，主要是由于混合表面活性剂对 PAHs 发生协同增溶作用；在 FTMA：Tween80=7：3 时，芘、菲、苊三种污染物最终的释放率分别达到了 47.5%、51.2% 和 52.1%，且 3 种 PAHs 释放率的大小顺序为苊＞菲＞芘，这与单一 FTMA 溶液增溶污染物释放规律一致。

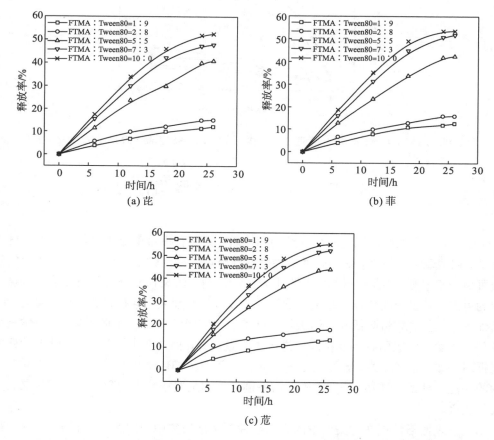

图 5-18　FTMA-Tween80 混合溶液(1000mg/L)中芘、菲、苊释放率随时间的变化曲线

　　由于混合表面活性剂溶液较单一 FTMA 溶液对污染物的增溶量要高，在实际应用中，用单位体积溶液中可释放污染物的质量来表示混合表面活性剂溶液对污染物的释放量更为直观。因此，图 5-19 给出了 FTMA：Tween80=2：8 配比下的混合表面活性剂溶液中 PAHs 的释放量(mg/L)随着 FTMA 浓度变化的关系曲线。对于该表面活性剂溶液，随着

FTMA 浓度的增加，3 种 PAHs 释放量逐渐增加，且各浓度条件下，释放量均较单一 FTMA 溶液的大。如：在 FTMA 浓度为 0.8mmol/L 时，混合溶液对芘的释放量为 3.97mg/L；相同浓度下，单一 FTMA 溶液对芘的释放量为 3.17mg/L。从以上实验结果可知，在一定浓度的 FTMA 溶液中加入非离子型表面活性剂 Tween80，可使 FTMA 对污染物的增溶量增大，且在表面活性剂与污染物分离过程中提高了表面活性剂的回收效率。

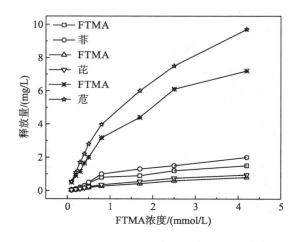

图 5-19　FTMA-Tween80 混合溶液(2∶8)中不同 PAHs 释放量随 FTMA 浓度变化关系图

5.4　FTMA 在土壤上的吸附行为

由于"开关"表面活性剂的特殊结构和性质，其在有机污染土壤修复中具有良好的应用前景。研究表明，以"开关"表面活性剂取代普通表面活性剂可形成一类新的有机污染土壤可逆增溶修复方法，使得修复过程中表面活性剂与污染物的分离及表面活性剂循环利用成为可能。表面活性剂分子在土壤颗粒上的吸附是引起表面活性剂损失的主要原因，表面活性剂损耗量大，将降低其对污染物的增溶能力和经济效益。目前，国内外对常规表面活性剂在土壤上的吸附行为及机理已进行了大量研究，而对"开关"表面活性剂的研究则鲜见报道。此外，"开关"表面活性剂作为一类新型精细化学品，国内外均缺少对其环境行为的关注。可见，研究"开关"表面活性剂在土壤主要成分上的吸附行为规律具有较为重要的意义。

阳离子表面活性剂在污染土壤的表面活性剂增溶修复中应用普遍，且因为与黏土矿物间存在离子交换作用，吸附损失问题比其他表面活性剂突出；而含有二茂铁基的表面活性剂是研究和应用最多的电化学"开关"表面活性剂类型。本章前面内容已对电化学"开关"表面活性剂 FTMA 的一些特性进行了深入研究。在此基础上，本节选取膨润土作为土壤黏土矿物代表，研究土壤关键因子影响下 FTMA 在膨润土上的吸附变化规律，探讨其吸附动力学及热力学参数，为掌握表面活性剂在黏土矿物上的界面化学行为和作用机理提供理论依据，同时为其在 RSER 修复技术中的应用提供指导。

5.4.1　FTMA 在膨润土上的吸附等温线

图 5-20 描述了 FTMA 和 CTAB 在膨润土上的吸附等温线，FTMA 吸附变化规律与具有类似结构的常规表面活性剂 CTAB 的吸附变化规律一致[10]，二者吸附量均随平衡浓度的增大而逐渐增大，在平衡浓度接近 1 倍临界胶束浓度（CMC）时，达到吸附饱和，与一般的固液界面吸附在 1 CMC 附近达到饱和相符。浓度较低时，表面活性剂以单体分子在膨润土表面的活性部位吸附，并优先占据有利位置，吸附量急剧增加。当膨润土表面有利的吸附位点被占据后，表面活性剂开始聚集，这种聚集以"半胶束"形式存在[11]，表面活性剂分子在固液界面上的吸附变得很弱，吸附量增加缓慢；在研究的平衡浓度范围内，当吸附和解吸达到平衡时，加入的 FTMA 表面活性剂分子在液相中形成胶束，浓度的增大只会使液相中形成更多的表面活性剂胶束，而不会使吸附量增加。

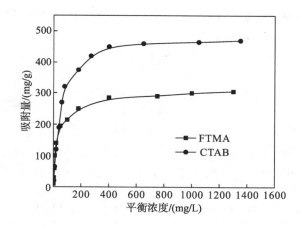

图 5-20　FTMA 和 CTAB 在膨润土上的吸附等温线

CTAB 饱和吸附量为 128.5cmol/kg，约为膨润土阳离子交换容量（CEC）的 1.95 倍，FTMA 的饱和吸附量为 66cmol/kg（约为 1 CEC）。由此可知，FTMA 在膨润土上的吸附机制主要为阳离子交换作用，CTAB 在膨润土上的吸附机制除阳离子交换作用外，还存在其他作用机理。这可能是由于表面活性剂分子碳氢键共同的疏水性，已吸附在膨润土上的 CTAB 与溶液中的 CTAB 通过碳氢链间的疏水作用相互缔合，使更多的表面活性剂固定于界面上，进而吸附量上升。CTAB 饱和吸附量远大于 FTMA 的饱和吸附量。显然，相同温度下，疏水碳链越长，表面活性剂分子在水中的溶解性越差，形成聚集体的倾向越强，与膨润土表面的亲和力亦越强，吸附量越大，符合 Traube 规则[12]。此外，也可能是由于 FTMA 结构中的二茂铁基性质较为稳定，不易吸附在膨润土表面。在土壤修复实施过程中，FTMA 因吸附损失量小，较 CTAB 更具有一定优势。

不同温度下 FTMA 在膨润土上的吸附等温线如图 5-21 所示，从图中可以看出，FTMA 饱和吸附量随温度的升高而增大，298K、308K、318K 下，FTMA 的饱和吸附量分别为 255.0mg/g、315.5mg/g、350.8mg/g。

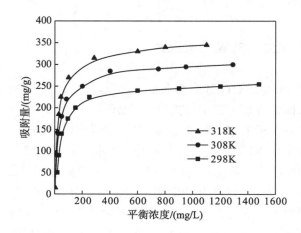

图 5-21　不同温度下 FTMA 在膨润土上的吸附等温线

　　用 Langmuir 和 Freundlich 方程分别对图 5-22 中的 FTMA 吸附等温线进行线性拟合，其线性表达式如下[13]：

$$\frac{C_e}{Q_e} = \frac{1}{Q_m b} + \frac{C_e}{Q_m} \tag{5-13}$$

$$\ln Q_e = \ln K_f + \frac{1}{n}\ln C_e \tag{5-14}$$

式中，Q_e、Q_m 分别为土壤对表面活性剂的平衡、饱和吸附量，mg/g；C_e 为平衡浓度，mg/L；b 为 Langmuir 吸附常数，L/g；K_f 为 Freundlich 的单层吸附量，L/kg；$1/n$ 反映吸附强度的大小。根据式(5-13)和式(5-14)对数据进行线性回归分析，得到的各参数值如表 5-9 所示。

表 5-9　FTMA 在膨润土上的等温吸附方程参数

T/K	Langmuir 方程			Freundlich 方程		
	$Q_m/(mg/g)$	$b/(L/g)$	R^2	$K_f/(L/kg)$	$1/n$	R^2
298	296.8	14.2	0.9838	37.46	0.2916	0.8689
308	315.4	35.5	0.9727	73.57	0.2157	0.9380
318	351.2	52.0	0.9661	101.00	0.1891	0.9354

　　从表 5-9 可以看出，不同温度下 FTMA 的吸附等温线均可用 Langmuir 方程描述，其相关系数 $R^2 > 0.96$，说明在研究的平衡浓度范围内，FTMA 在膨润土上的吸附主要为单分子层吸附。拟合参数 Q_m 与 b 均随温度的升高而增大，说明膨润土对 FTMA 的吸附作用力逐渐增大，该体系吸附过程是吸热过程。从 Freundlich 方程参数可以看出，$1/n$ 小于 1，表明在整个研究范围内吸附较易进行，且 $1/n$ 随温度的升高而减小，也说明吸附强度逐渐增大。

5.4.2　FTMA 在膨润土上的吸附动力学和热力学

1)FTMA 在膨润土上的吸附动力学

298K 条件下，FTMA 和 CTAB 在膨润土上的平衡吸附量随时间变化曲线如图 5-22 所示，膨润土对表面活性剂的吸附非常迅速，CTAB 在振荡 240min 后吸附量趋于稳定。对于 FTMA，反应的最初 30min 是快速吸附阶段，吸附量急剧增加；延长振荡时间，吸附量继续增大，但趋于缓和；480min 时吸附达到平衡，平衡吸附量为 263.3mg/g。与 CTAB 相比，FTMA 达到平衡吸附所用时间较长。吸附开始时，表面活性剂浓度较大，向膨润土表面扩散速率较快，吸附量迅速上升，随着吸附时间延长，溶液中 FTMA 浓度逐渐降低，扩散速率下降，同时膨润土表面有效的吸附位点减少，吸附速率下降。

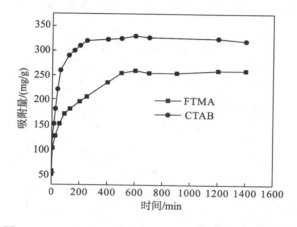

图 5-22　FTMA 和 CTAB 在膨润土上的吸附动力学曲线

吸附动力学数据通常可用 Lagergren 准一级或准二级吸附速率方程描述。其线性表达式如式(5-15)和式(5-16)所示[14]：

$$\ln(Q_e - Q_t) = \ln Q_e - k_1 t \tag{5-15}$$

$$\frac{t}{Q_t} = \frac{1}{k_2 Q_e^2} + \frac{1}{Q_e} t \tag{5-16}$$

式中，Q_e、Q_t 分别为吸附平衡及 t 时刻的吸附量，mg/g；t 为吸附时间，min；k_1 为准一级吸附速率常数，min^{-1}；k_2 为准二级吸附速率常数，g/(mg·min)。

分别用式(5-15)和式(5-16)对图 5-22 中的 FTMA 吸附动力学数据进行拟合，拟合结果如图 5-23 和图 5-24 所示。

通过拟合得到的动力学相关参数如表 5-10 所示，从表 5-10 中数据可以看出，用准一级吸附速率方程拟合表面活性剂动力学数据时，偏差较大。而用准二级吸附速率方程拟合时，相关系数大于 0.999，且所得平衡吸附量与实测值基本吻合，说明 FTMA 和 CTAB 在膨润土上的吸附动力学更符合准二级吸附速率方程，化学吸附过程是主要的控制速率步骤。此外,从吸附速率常数 k_1、k_2 可知,CTAB 在膨润土上的吸附速率较快,远大于 FTMA,与实测结果一致。

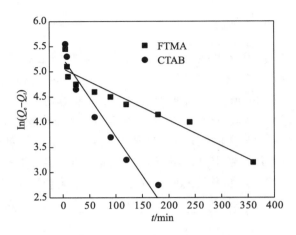

图 5-23　准一级动力学拟合曲线

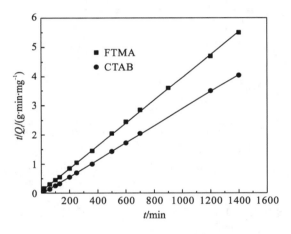

图 5-24　准二级动力学拟合曲线

表 5-10　FTMA 和 CTAB 在膨润土上的吸附动力学参数

表面活性剂	准一级吸附速率方程			准二级吸附速率方程		
	k_1/min^{-1}	Q_e/(mg/g)	R^2	$k_2 \times 10^4$ /[g/(mg·min)]	Q_e/(mg/g)	R^2
FTMA	0.005	157.2	0.9370	1.04	270	0.9992
CTAB	0.016	200.3	0.9446	2.21	330	0.9998

2)FTMA 在膨润土上的吸附热力学

FTMA 在膨润土上的吸附热力学参数分别按式(5-17)~式(5-19)进行计算[15]。

$$K_c = Q_e / C_e \qquad (5-17)$$

$$\Delta G_{\mathrm{m}}^{\ominus} = -RT\ln K_{\mathrm{c}} \tag{5-18}$$

$$\ln K_{\mathrm{c}} = -\frac{\Delta H_{\mathrm{m}}^{\ominus}}{RT} + \frac{\Delta S_{\mathrm{m}}^{\ominus}}{R} \tag{5-19}$$

式中，Q_{e} 为土壤对表面活性剂的饱和吸附量，mg/g；C_{e} 为平衡浓度，mg/L；K_{c} 为表面活性剂在土壤上的吸附平衡常数，L/kg；T 为反应温度，K；R 为气体常数，取 8.314J/(mol·K)；$\Delta G_{\mathrm{m}}^{\ominus}$、$\Delta H_{\mathrm{m}}^{\ominus}$、$\Delta S_{\mathrm{m}}^{\ominus}$ 分别为标准摩尔吉布斯自由能、焓、熵。将式(5-19)的 $\ln K_{\mathrm{c}}$ 对 $1/T$ 作图，可得一条直线，从直线斜率即可求得 $\Delta H_{\mathrm{m}}^{\ominus}$，截距为 $\Delta S_{\mathrm{m}}^{\ominus}$。

从表 5-11 可以看出，$\Delta G_{\mathrm{m}}^{\ominus} < 0$，说明 FTMA 在膨润土上的吸附过程是自发的，且随温度的升高，$\Delta G_{\mathrm{m}}^{\ominus}$ 的绝对值增大，推动力变大，说明升温对吸附的进行有利；$\Delta H_{\mathrm{m}}^{\ominus} > 0$，说明该吸附过程是吸热反应，与前面所得结果一致。$\Delta S_{\mathrm{m}}^{\ominus} > 0$，说明 FTAM 吸附到膨润土表面或层间过程中体系的混乱度增大，此时吸附机制主要为阳离子交换作用。

表 5-11　FTMA 在膨润土上的吸附热力学参数

T/K	K_{c}/(L/kg)	$\Delta G_{\mathrm{m}}^{\ominus}$/(kJ/mol)	$\Delta H_{\mathrm{m}}^{\ominus}$/(kJ/mol)	$\Delta S_{\mathrm{m}}^{\ominus}$/[J/(mol·K)]
298	228.7	-13.46		
308	320.1	-14.77	24.61	127.8
318	427.0	-16.01		

5.4.3　土壤组分对 FTMA 吸附的影响

1) 共存阳离子对吸附的影响

Na^+、K^+、Ca^{2+} 共存阳离子对 FTMA 在膨润土上吸附的影响如图 5-25 所示。可知共存阳离子对 FTMA 在膨润土上的吸附均有抑制作用。相同条件下，影响程度大小随不同阳离子变化的顺序为 $Ca^{2+} > K^+ > Na^+$。共存离子所带电荷越大，则其与膨润土发生的阳离子交换作用越强，因此 Ca^{2+} 对 FTMA 的吸附影响最大。此外，对于带同样电荷的离子，其对 FTMA 的吸附影响程度与它们的水合离子半径大小密切相关：$R(Na^+)=0.276nm$、$R(K^+)=0.232nm$[16]，FTMA 在膨润土上的吸附可以看成是与 Na^+、K^+ 在膨润土表面发生竞争吸附，水合离子半径越小，越容易被吸附到膨润土表面，因此 K^+ 对 FTMA 的吸附抑制作用较强。

2) 离子强度对吸附的影响

离子强度对 FTMA 在膨润土上吸附的影响如图 5-26 所示，初始浓度为 2874mg/L，溶液离子强度为 0.01mol/L、0.10mol/L、0.50mol/L，吸附量由原来的 280.6mg/g 分别下降为 270.0mg/g、239.4mg/g、198.5mg/g。表面活性剂在固体表面的吸附机理包括离子交换吸附、色散力吸附和疏水作用吸附等。FTMA 是阳离子表面活性剂，膨润土阳离子交换容量较大，二者之间阳离子交换作用较强。加上膨润土在水中分散性好，层间距大，交换位点可充分地暴露出来，溶液中的 FTMA 分子可充分地吸附在膨润土层上。但溶液离子强度的增大减少了 FTMA 与膨润土颗粒的接触位点，进而使得 Na^+ 与 FTMA 竞争吸附加剧，因此，

FTMA 吸附量明显下降。

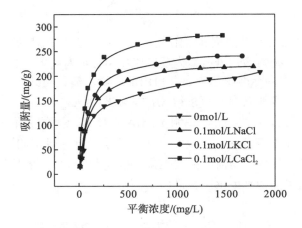

图 5-25　共存阳离子对 FTMA 在膨润土上吸附的影响

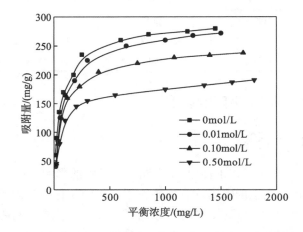

图 5-26　离子强度对 FTMA 在膨润土上吸附的影响

3) pH 和土壤有机质对吸附的影响

pH 对 FTMA 在膨润土上吸附的影响如图 5-27 所示,可知 pH 对 FTMA 吸附影响较小。pH 可影响土壤胶体的电荷数量,随着 pH 增加,土壤粒子表面正电荷减少,负电荷增加,FTMA 的吸附能力增强。但同时,当 pH 较高时,土壤有机质中羟基和羧基大量离解,构型伸展,亲水性增强,导致吸附量减小。Brownawell 等[17]把 DP 在卢拉(Lula)土壤上的吸附与 pH 无关的原因归于离子交换和黏粒在吸附中起重要作用,pH 对 FTMA 吸附的影响可能也具有类似的原因。

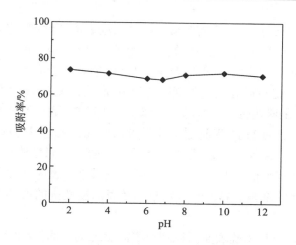

图 5-27　pH 对 FTMA 在膨润土上吸附的影响

　　腐殖酸对 FTMA 在膨润土上吸附的影响如图 5-28 所示。随着土壤中腐殖酸含量增大，FTMA 的吸附量逐渐增大，FTMA 在原膨润土上的吸附率为 67.7%，当 HA 含量为 40mg/g 以上时，吸附率增大到 80% 以上。腐殖酸一般含有酚羟基、醇羟基、羧基、甲氧基等多种基团，这些活性基团决定了腐殖酸的酸性、亲水性、离子交换性、络合能力及较高的吸附能力等[18]。土壤有机质凭借疏水作用和氧键组成的规则集合体区域是最佳吸附位，腐殖酸是土壤有机质中最主要的活性组分，腐殖酸的加入会提高土壤的有机质含量，从而增强了 FTMA 在膨润土上的吸附。

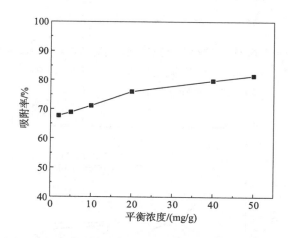

图 5-28　土壤有机质对 FTMA 在膨润土上吸附的影响

5.5　FTMA-Tween80 混合表面活性剂在土壤上的吸附过程

　　表面活性剂增效修复技术的关键是最大限度地增溶洗脱土壤有机污染物，同时减少表面活性剂在土壤上的吸附损失。由 5.4 节内容可知，相同条件下，二茂铁基"开关"表面活性剂在土壤上的吸附量远小于具有类似结构的常规表面活性剂,这表明在土壤修复中二茂铁基"开关"表面活性剂更具优势。然而,由于 FTMA 是一种阳离子表面活性剂,在土壤上的吸附作用较强,采用非离子型表面活性剂、阴离子表面活性剂可一定程度上解决土壤吸附问题。目前,已有研究表明常规阳离子表面活性剂和非离子型表面活性剂混合使用可降低其在土壤上的吸附损失。但基于二茂铁基"开关"表面活性剂与常规表面活性剂的混合研究还未见报道。FTMA 可通过电化学方法实现胶束形成与解散可逆,为 PAHs 的释放提供了可能。基于 SER 技术,假设"开关"表面活性剂与常规非离子型表面活性剂形成的混合体系也具有可逆特性,那么不仅可以克服单一表面活性剂吸附损失量大的问题,也可实现表面活性剂与 PAHs 的有效分离及表面活性剂的循环利用,节约土壤修复成本。

　　X 射线衍射(XRD)是了解表面活性剂在膨润土上的空间结构特征最常用且有效的手段。通过特征衍射峰对应的 2θ 计算出膨润土的底面间距 d_{001},并结合表面活性剂分子尺寸大小,可推测出表面活性剂在膨润土层间的排列模式。因此,本节首先研究 FTMA-Tween80 混合体系的可逆特性和混合吸附行为。然后在此基础上,进一步分析吸附态 FTMA、FTMA-Tween80 有机膨润土的结构特征。

5.5.1　FTMA-Tween80 混合体系的可逆特性

　　对于电化学可逆过程,循环伏安曲线须关于水平轴上下对称,峰电位的差值及上下峰电流的比值分别满足[19]如下条件。

$$\Delta\varphi = \varphi_a - \varphi_c = \frac{2.2RT}{zF} = \frac{56}{z}\,\mathrm{mV}, \frac{I_{pa}}{I_{pc}} \approx 1 \tag{5-20}$$

　　不同 FTMA-Tween80 配比下的循环伏安曲线如图 5-29 所示,从图中可得出氧化峰和还原峰峰电位之差 $\Delta E_p = 50.2\,\mathrm{mV}$,峰电流之比 $I_{pa}/I_{pc} = 1.28$,说明 FTMA-Tween80 混合形成胶束后也具有较好的电化学可逆特性。

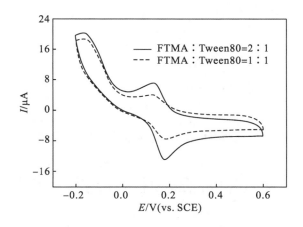

图 5-29　FTMA-Tween80 混合表面活性剂的循环伏安曲线

通过电化学氧化，混合表面活性剂溶液胶束被破坏解散为单体，还原态和氧化态 FTMA-Tween80 循环伏安曲线发生显著变化，如图 5-30 所示。从图中可以看出，氧化态混合溶液的氧化峰电流显著增大。FTMA-Tween80 混合表面活性剂的氧化与还原可视为 Fe^{2+}/Fe^{3+} 之间氧化还原状态的转换。通过测定一系列不同浓度比的 Fe^{3+}/Fe^{2+} 标准溶液的循环伏安曲线峰电流，以浓度比对氧化峰电流作图，得到 Fe^{3+}/Fe^{2+} 浓度比 (n) 与氧化峰电流 (I) 的标准曲线为

$$I=2.8475n+7.5149\,(R^2=0.992)\tag{5-21}$$

将氧化态 FTMA-Tween80 混合体系循环伏安曲线的峰电流代入式(5-21)中计算得出 $n=0.84$，说明电化学氧化效率可达 84%。经电化学氧化，混合体系的物理化学性质发生了显著变化，FTMA-Tween80 混合表面活性剂溶液由最初的黄色逐渐转变为浅绿色。当溶液颜色不再发生变化时，可初步确定氧化过程达到终点。通过电化学方法还原后，混合溶液又由浅绿色变为黄色，实现氧化还原态的可逆变换。

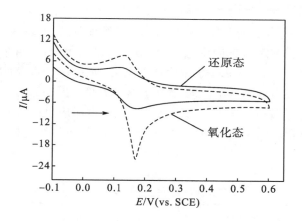

图 5-30　还原态和氧化态 FTMA-Tween80 溶液的循环伏安曲线

5.5.2　FTMA-Tween80 混合体系在土壤上的吸附

不同 Tween80 浓度下 FTMA 在膨润土上的吸附等温线如图 5-31 所示。从图中可看出，非离子型表面活性剂(浓度为 10～50 CMC)引起了 FTMA 吸附量的显著减小，且在混合表面活性剂溶液中，随着 Tween80 所占比例增加，FTMA 的吸附量减少。当浓度低于 CMC 时，FTMA 溶液在固-液界面以单体的形式存在。在该区域中，由于膨润土带负电荷，阳离子表面活性剂 FTMA 能在静电作用下吸附在膨润土上，并通过置换膨润土层间可交换阳离子而迅速吸附。当浓度高于 CMC 时，表面活性剂单体不断聚集并形成胶束，表面活性剂胶束不会吸附在膨润土上。因此，吸附等温线达到一个较高的平台区域，吸附达到饱和。当加入非离子型表面活性剂 Tween80 后，Tween80 可通过氢键吸附在土壤粒子上，其较长的聚氧乙烯链会发生空间位垒效应，屏蔽部分 FTMA 土壤吸附位点，二者在土壤粒子表面发生竞争吸附，从而抑制了 FTMA 在土壤粒子上的吸附，使得 FTMA 吸附量减小。

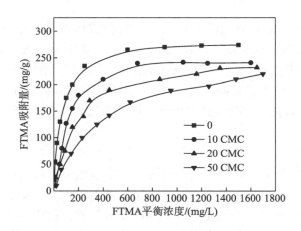

图 5-31　不同 Tween80 浓度下 FTMA 在膨润土上的吸附等温线

非离子型表面活性剂浓度的增加导致了 FTMA 的吸附量显著降低，说明 FTMA 与 Tween80 之间显示出强烈的拮抗效应。在 FTMA 的初始浓度为 2874mg/L、Tween80 的浓度为 10 CMC 的情况下，FTMA 的吸附量由 280.6mg/g 减小至 250.0mg/g，且低浓度的 FTMA 吸附所受影响更显著。随着 Tween80 浓度逐渐增大，FTMA 的吸附量明显降低。主要是因为混合表面活性剂能有效降低溶液的 CMC，形成的胶束更加稳定。因此，随着 Tween80 浓度的增大，溶液形成胶束所需的混合表面活性剂浓度相应呈现降低趋势。用 Langmuir 和 Freundlich 方程分别对图 5-31 中的 FTMA 吸附等温线进行线性拟合，所得拟合数据列于表 5-12 中。

表 5-12　FTMA 在膨润土上的等温吸附方程参数

Tween80 浓度	Langmuir 方程			Freundlich 方程		
	Q_m/(mg/g)	b/(L/g)	R^2	K_f/(L/kg)	$1/n$	R^2
0	296.8	0.0142	0.984	37.46	0.292	0.869
10 CMC	284.9	0.0072	0.987	23.84	0.336	0.875
20 CMC	282.8	0.0042	0.994	14.70	0.392	0.933
50 CMC	281.6	0.0022	0.995	6.83	0.481	0.972

从表 5-12 可以看出，在所研究的平衡浓度范围内，不同 Tween80 浓度下 FTMA 的吸附等温线均可用 Langmuir 方程描述，其相关系数 $R^2 > 0.98$；拟合参数 Q_m 与 b 均随 Tween80 浓度的增大而减小，说明膨润土对 FTMA 的吸附作用力逐渐减弱，FTMA 在膨润土上的吸附量逐渐下降，与实验所得结果一致。从 Freundlich 方程参数也可以看出，$1/n$ 小于 1，表明在整个研究范围内吸附过程易进行，且 K_f 随 Tween80 浓度增大而减小，也说明 FTMA 吸附强度逐渐减弱。

由以上结果得知，非离子型表面活性剂 Tween80 的加入减小了 FTMA 在膨润土上的吸附损失量。但同时也应该考虑非离子型表面活性剂本身在膨润土上的吸附情况。Tween80 在膨润土上的吸附量随 FTMA 浓度的变化曲线如图 5-32 所示。从图中可以看出，随着 FTMA 浓度的增大，Tween80 的吸附量呈线性下降趋势，这表明在膨润土-水界面上所吸附的非离子逐渐被阳离子所取代。当 FTMA 浓度为 0 时，Tween80 浓度为 10 CMC、20 CMC 和 50 CMC 对应的吸附量分别为 118.7mg/g、66.6mg/g 和 35.3mg/g。图中曲线的斜率随着 Tween80 浓度的增大而增大，这表明较高的初始浓度的 Tween80 表现出较高的解吸率。不同的非离子型表面活性剂浓度下，当在所研究的平衡浓度范围内 FTMA 吸附达到最大时，Tween80 在膨润土上的吸附量分别降低至 62.7mg/g（10 CMC）、28.6mg/g（20 CMC）和 7.2mg/g（50 CMC）。在 FTMA、Tween80 所形成的混合体系中，较高浓度的 Tween80 溶液更容易使混合表面活性剂形成胶束，混合胶束较为稳定，不易吸附在膨润土表面。因此，随 FTMA 浓度的增加，更多高浓度的 Tween80 分子将被替代，使得吸附量降低。

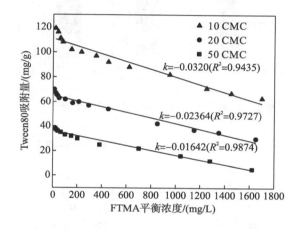

图 5-32 不同 FTMA 浓度下 Tween80 在膨润土上的吸附量变化曲线

单独计算 FTMA（初始浓度为 2874mg/L）与 Tween80（10 CMC、20 CMC、50 CMC）在土壤上的吸附量，并与 FTMA-Tween80 混合表面活性剂的吸附量进行比较，如图 5-33 所示。从图中可以明显看出，FTMA-Tween80 混合体系的吸附量明显低于二者单独吸附量之和。FTMA 单独的吸附量为 280.6mg/g，Tween80（50 CMC）单独的吸附量为 118.7mg/g，总吸附量为 399.3mg/g，而对应的 FTMA-Tween80 混合体系的吸附量仅为 298.0mg/g。加入的非离子型表面活性剂通过氢键吸附在土壤粒子上，占据了部分土壤吸附位点，从而抑制 FTMA 在土壤粒子上的吸附，使得 FTMA 吸附量减小。同时，FTMA 阳离子交换作用较强，又替代了 Tween80 分子，且 FTMA-Tween80 形成的混合胶束较为稳定，不易吸附在膨润土表面。这种现象可以归因于 FTMA 和 Tween80 产生拮抗作用，互相抑制了对方在膨润土上的吸附。

基于以上的研究结果，可以推测出 FTMA-Tween80 混合表面活性剂在膨润土上吸附机理模型如图 5-34 所示。当表面活性剂处于低浓度时，FTMA 主要通过阳离子交换、静电作用吸附在膨润土表面，Tween80 通过氢键作用和静电吸引吸附。并且由于膨润土阳离子交换容量较大，阳离子表面活性剂 FTMA 的吸附量大于非离子型表面活性剂 Tween 80

的吸附量。随着表面活性剂浓度继续增大，FTMA 与 Tween80 在固-液界面不断混合并聚集。当表面活性剂浓度增大到所对应的临界胶束浓度时，FTMA-Tween80 混合胶束开始形成，吸附达到平衡点。

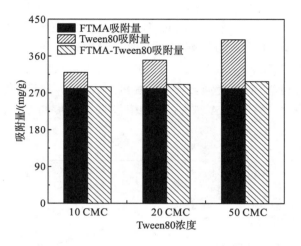

图 5-33　单一吸附量总和与混合吸附量对比

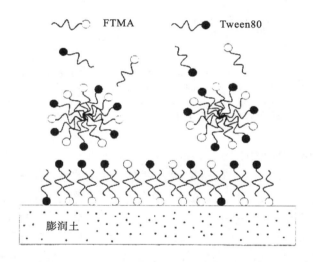

图 5-34　FTMA-Tween80 混合表面活性剂在膨润土上吸附机理模型

5.5.3　FTMA 负载膨润土的结构分析

膨润土是一种以蒙脱石为主要矿物成分的层状硅铝酸盐，是由两个 Si—O 四面体和一个 Al—O 八面体形成的层状结构。由于离子类质同晶置换，硅氧四面体中的 Si^{4+} 常被 Al^{3+} 替代，或者铝氧八面体中的 Al^{3+} 常被 Mg^{2+}、Fe^{2+} 替代，晶体层间出现过剩负电荷，并通过吸附外界阳离子来平衡，这些吸附的阳离子称为可变电荷。在一定条件下，外界物质可以与层间的可变电荷发生离子交换，使得蒙脱石具有离子交换性能。

　　有机阳离子吸附到膨润土层间后会导致膨润土底面层间距增大，即 d_{001} 增大，这是膨润土最重要的结构特征之一。XRD 虽然不能直接探查有机阳离子的空间结构状态，但可以通过测定表面活性剂吸附后膨润土的底面间距，再结合层间有机阳离子的空间大小，从而了解层间有机阳离子的积聚状态。通过测定膨润土固相上不同覆盖量的阳离子表面活性剂的 d_{001} 变化，可了解吸附态表面活性剂在固相上的结构演变过程。

　　晶体中质点的排列是规则有序的，各晶面之间的距离 d 与 X 射线的波长在同一数量级。所以当 X 射线照射晶体时，会发生衍射现象，当 X 射线照射两个面间距为 d 的晶面时，晶面反射的两束 X 光符合布拉格方程 $2d \cdot \sin\theta = n\lambda$，根据布拉格方程可以计算出有机膨润土的底面层间距，即 d_{001}。目前，研究学者利用 XRD 已研究了多种有机阳离子对膨润土 d_{001} 的影响，并根据其大小推断出有机阳离子在膨润土层间的排列模式。Zhu 等[20]用 XRD 研究了季铵盐阳离子 $CTMA^+$ 负载量增加时有机膨润土 d_{001} 的变化规律，发现 d_{001} 随 $CTMA^+$ 负载量增加而呈阶梯式增大，即随着负载量的增加，$CTMA^+$ 存在着不同的排列模式，该研究同时计算出了有机阳离子倾斜排列时烷基链的倾斜角度。总结前人的研究成果，根据测定的 d_{001} 以及有机阳离子的空间尺寸，推断出有机阳离子在膨润土层间存在着平铺单层、平铺双层、假三层、倾斜单层、倾斜双层等多种排列模式。

　　利用范德瓦耳斯半径数据，加上共价半径和键角数据，可以知道表面活性剂有机阳离子的立体构型、大小及形状。通过计算，得出 FTMA 阳离子链长约为 2.25nm；二茂铁基一端截面长轴直径约为 0.43nm，短轴直径为 0.33nm；含氮和三个甲基的阳离子端长径约 0.67nm，短径为 0.51nm。不同 FTMA 负载量下的膨润土 XRD 图谱如图 5-35 所示，将图谱中数据用布拉格方程计算得出相对应的膨润土底面层间距 d_{001} 列于表 5-13。

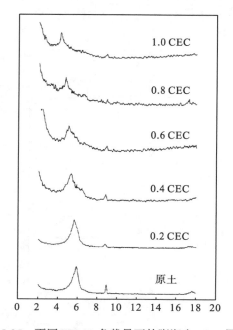

图 5-35　不同 FTMA 负载量下的膨润土 XRD 图谱

表 5-13　不同 FTMA 负载量下的膨润土底面层间距

	负载量					
	0	0.2 CMC	0.4 CMC	0.6 CMC	0.8 CMC	1.0 CMC
d_{001}/nm	1.55	1.56	1.64	1.78	1.90	2.11

由图 5-35 和表 5-13 可得,膨润土原土的衍射主峰面对应的 d_{001} 为 1.55nm,随着 FTMA 负载量的增加,d_{001} 衍射峰明显向小角度方向移动,膨润土的底面层间距逐渐增大。结合 FTMA 分子空间结构尺寸,扣除蒙脱石 2∶1 型层状硅铝酸盐 TOT 厚度 0.96 nm,当 FTMA 负载量分别为 0.2 CEC 和 0.4 CEC 时,层间形成的有机相厚度为 0.60nm 和 0.68nm,可以推断出 FTMA 在膨润土层间排列方式为平卧单层;当 FTMA 负载量为 0.6 CEC、0.8 CEC 时,层间形成的有机相厚度为 0.82nm、0.94nm,推测排列方式为平卧双层,且有机阳离子端的甲基部分嵌入到另一层有机阳离子间的空隙中;当 FTMA 负载量为 1.0 CEC 时,层间形成的有机相厚度为 1.15nm,推测排列方式为倾斜单层,且理想倾斜角度约为 32 度。

不同 Tween80 浓度(10 CMC、20 CMC、50 CMC)下,FTMA-Tween80 复合膨润土的 XRD 图谱如图 5-36 所示,计算出所对应的底面层间距如表 5-14 所示。可以看出,随着体系中 Tween80 浓度的增大,复合膨润土的 d_{001} 呈现逐渐增大趋势,与混合表面活性剂在膨润土上的吸附量变化一致。FTMA 负载量为 0.6 CEC 时,其 d_{001} 为 1.78nm。当 Tween80 离子浓度为 10 CMC 时,复合膨润土的 d_{001} 为 1.76nm,与单一 FTMA 负载时的 d_{001} 相当,说明低浓度的非离子型表面活性剂 Tween80 并不能增大复合膨润土的 d_{001}。而当体系 Tween80 加入浓度逐渐增大至 20 CMC 和 50 CMC 时,复合膨润土的 d_{001} 分别增至 1.84nm 和 2.02nm,表明一定浓度阳离子表面活性剂和非离子型表面活性剂同时吸附在膨润土上时,膨润土的 d_{001} 显著增大。

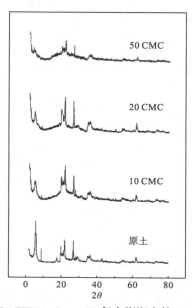

图 5-36　FTMA-Tween80 复合膨润土的 XRD 图谱

表 5-14　FTMA-Tween80 复合膨润土底面层间距

	FTMA (0.6 CEC)	FTMA-Tween80 (10 CEC)	FTMA-Tween80 (20 CEC)	FTMA-Tween80 (50 CEC)
d_{001}/nm	1.78	1.76	1.84	2.02

5.6　FTMA-Tween80 混合表面活性剂对 PAHs 污染土壤的增溶洗脱作用

　　PAHs 水溶性差、性质稳定，很难通过淋溶、植物吸收或微生物降解去除，是污染土壤修复的难点之一。表面活性剂增效修复技术通过表面活性剂的增溶洗脱作用,促进 PAHs 从土壤表面向水相传质，改善其生物可利用性，是技术效率高、实施周期短、最有效的有机污染土壤修复方法之一。如何有效地最大程度提高污染土壤中 PAHs 的洗脱效率和尽可能减少表面活性剂用量，是 SER 技术需要重点解决的问题。

　　非离子型表面活性剂对污染物增溶量大、易于生物降解,在土壤修复中应用最为广泛。但是该类表面活性剂在有机相中有较强的分配作用，导致其在水相中的损失量大，应用受到限制。阳离子表面活性剂在有机相中的分配作用弱，但增溶能力远不及非离子型表面活性剂，而且在土壤上的吸附损失大。阳离子表面活性剂、非离子型表面活性剂混合使用，不仅可以克服非离子型表面活性剂的缺点，而且混合体系形成的稳定胶束对 PAHs 具有协同增溶作用。如第 3 章研究结果表明，FTMA-Tween80 混合体系在土壤上的吸附量小于单一表面活性剂的吸附量之和，并且具有电化学氧化还原可逆特性。因此，本节选择芘、菲、苊作为 PAHs 的代表，研究表面活性剂存在下土-水体系中 PAHs 的分配系数；在此基础上评价混合表面活性剂对 PAHs 的增溶洗脱效率，并与单一 FTMA、Tween80 进行对比；最后考察 FTMA-Tween80 混合表面活性剂体系对 PAHs 的释放效率，为混合表面活性剂在土壤有机污染修复中的应用提供一定的理论基础。

5.6.1　FTAM-Tween80 在土壤上的吸附行为及机理

　　单一和混合表面活性剂溶液中，FTAM 在土壤上的吸附等温线如图 5-37 所示。从图中可以看出，在低浓度范围内，FTAM 的吸附量随其平衡浓度的增大而急剧增大，在平衡浓度接近 CMC 时，吸附等温线出现一个平台，表面活性剂在土壤上的吸附量不再随平衡浓度的增大而增大，此时 FTAM 在土壤上的吸附达到饱和。在不同配比 FTAM-Tween80 混合表面活性剂体系中，FTAM 的吸附等温线也呈现出与单一 FTAM 的吸附等温线相似的变化趋势，即均在一定平衡浓度时，FTAM 在土壤上的吸附达到饱和。

　　从图 5-37 中也可看出溶液中非离子型表面活性剂 Tween80 的存在对 FTAM 吸附的影响。通过比较不同 FTAM-Tween80 混合表面活性剂体系中 FTAM 在土壤上的吸附等温线可以发现，FTAM 在土壤上的饱和吸附量随着混合溶液中 Tween80 质量分数的增大而减小，这与第 3 章中所研究的混合体系在膨润土上的吸附变化规律一致。当混合体系

FTAM-Tween80 溶液配比为 1∶3 时，FTAM 在土壤上的饱和吸附量由单一 FTAM 溶液时的 172.5mg/g 降低至 85.1mg/g，不及单一 FTMA 溶液时饱和吸附量的 50%。不同表面活性剂体系中，FTAM 在土壤上达到饱和吸附所对应的平衡浓度也随溶液中 Tween80 质量分数的增大而减小，即混合溶液中 Tween80 含量的增大可使 FTAM 在较低的浓度下，在土壤上的吸附达到饱和。

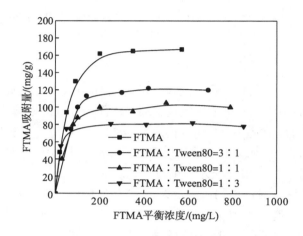

图 5-37　不同体系中 FTMA 在土壤上的吸附等温线

　　研究表明[21]，表面活性剂只能通过单体的形式被土壤吸附，表面活性剂胶束并不能直接吸附在土壤上，当其溶液平衡浓度（单体浓度）约为 1 CMC 时，表面活性剂在土壤上的吸附便达到饱和。实验测定不同配比混合表面活性剂的临界胶束浓度，并与相应体系中 FTAM 的饱和吸附量进行比较，结果列于表 5-15 中。由表中数据可以发现，随着混合体系中 Tween80 含量的增大，FTAM 在土壤上的饱和吸附量与其 CMC 表现出相同的变化趋势，即溶液中 Tween80 含量增大，FTAM 在液相中的临界胶束浓度降低，对应的饱和吸附量也降低。混合体系中，混合胶束的形成降低了 FTAM 在液相中的单体浓度，FTAM 在较低浓度下即可在土壤上达到饱和吸附，因此，FTAM 在土壤中的饱和吸附量下降。

表 5-15　不同体系中 FTMA 的饱和吸附量与临界胶束浓度比较

	质量比（FTAM∶Tween80）			
	0	3∶1	1∶1	1∶3
饱和吸附量/(mg/g)	172.5	128.0	102.6	85.1
临界胶束浓度/(mmol/L)	0.600	0.266	0.238	0.124

5.6.2　FTAM-Tween80 对 PAHs 在土壤-水间分配的影响

　　PAHs 主要通过分配作用进入土壤有机质中而被土壤吸附，其分配作用可用 K_d 表示。K_d 的大小与土壤有机质含量是密切相关的，其关系可表示为

$$K_d=K_{oc}\cdot f_{oc} \tag{5-22}$$

式中，K_{oc} 是有机碳标化的分配系数；f_{oc} 是土壤有机碳含量。

不加入表面活性剂溶液时，芘、菲、苊的吸附等温线如图 5-38 所示，将吸附等温线进行线性回归，直线的斜率即为芘、菲、苊的分配系数 K_d。将计算所得不同 PAHs 的 K_d 与其一些相关理化参数进行比较，并列于表 5-16 中。

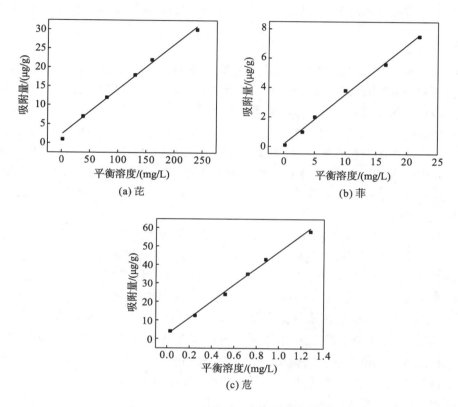

图 5-38　PAHs 在土壤上的吸附等温线

表 5-16　PAHs 的分配系数 K_d 与相关理化参数比较

PAHs	K_d/(L/kg)	S_w/(mg/L)	lgK_{ow}	lgK_{oc}
芘	341.2	0.1230	4.88	4.48
菲	120.6	0.9013	4.46	4.03
苊	44.7	4.2670	3.92	3.60

由表 5-16 可以看出，分配系数 K_d 的大小顺序为芘＞菲＞苊，表明土壤对 PAHs 的吸附能力大小为芘＞菲＞苊。PAHs 的 K_{oc} 与 PAHs 的水溶解度 S_w 和辛醇/水分配系数 K_{ow} 有关，通过三者数据得出：

$$\lg K_{oc}=1.09\lg K_{ow}+0.02 \qquad R^2=0.986 \tag{5-23}$$

$$\lg K_{oc}=-1.75\lg S_w+6.96 \qquad R^2=0.993 \tag{5-24}$$

随着 PAHs 水溶性的降低、辛醇/水分配系数 K_{ow} 增大、碳水/分配系数 K_{oc} 逐渐增大，从水相中进入土壤中的有机污染物增多，土壤有机质越容易吸收并保留它们，这些有机污染物从土壤中释放的速度也就越慢，因而在环境中残留的时间就越长。因此，由土壤性质和 PAHs 的性质可以推知 PAHs 的环境迁移行为。

在表面活性剂存在下，PAHs 的分配受到土壤有机质、表面活性剂胶束以及吸附态表面活性剂等多方面作用的影响，PAHs 在土-水体系的分配常用表观分配系数 K_d^* 来表示：

$$K_d^* = \frac{K_d + K_s Q_s}{1 + C_{mic} K_{mc}} \tag{5-25}$$

式中，Q_s 是表面活性剂在土壤上的吸附量；K_s 是 PAHs 在吸附态表面活性剂中的分配系数；C_{mic} 是溶液中胶束浓度；K_{mc} 是 PAHs 在表面活性剂胶束-水相间的分配系数。对 PAHs 污染土壤而言，要达到解吸、洗脱的目的，必须满足 $K_d^* < K_d$。

在土-水体系中，表面活性剂一方面在液相中形成大量胶束从而增大 PAHs 的溶解度；另一方面表面活性剂会被土壤吸附，吸附态表面活性剂对 PAHs 又有较强的吸附能力。两方面共同作用导致 PAHs 在土-水体系的分配系数随表面活性剂浓度的变化而变化，分配系数用 K_d^* 表示。K_d^* 的大小又直接影响到表面活性剂对污染土壤中 PAHs 的洗脱作用，分配系数越大，洗脱就越困难。

接下来研究不同质量比 FTMA-Tween80 混合表面活性剂存在下，芘、菲、苊在土壤中的吸附。以平衡浓度对吸附量作图，绘制不同 PAHs 的吸附等温线。芘、菲、苊的吸附等温线均为线性的，对吸附等温线进行线性回归，直线的斜率即为芘、菲、苊在土-水界面的分配系数 K_d^*。不同质量比 FTMA-Tween80 混合表面活性剂存在下，芘、菲、苊在土-水体系中的 K_d^* 随表面活性剂浓度变化趋势如图 5-39 所示。从图中可以看出，随着表面活性剂浓度的变化，芘、菲、苊在土-水体系中的 K_d^* 均呈现相同的变化趋势，即低浓度时 K_d^* 随表面活性剂浓度的增大而逐渐增大，当表面活性剂的浓度增大至其相应的临界胶束浓度时，K_d^* 达到最大值，然后又随着表面活性剂浓度的增大而减小。

尽管在不同质量比 FTMA-Tween80 混合体系中，芘、菲、苊的 K_d^* 随表面活性剂浓度变化的趋势是相同的。但通过比较可以发现，Tween80 的加入降低了 PAHs 在土-水体系中的分配，PAHs 的 K_d^* 随 Tween80 含量的增大而降低。以菲为例，当 FTMA-Tween80 混合体系的质量比为 1:3、1:1、3:1 时，菲的 K_d^* 最大值分别为单一 FTMA 存在时相应值的 88%、79% 和 66%，当浓度为 4000mg/L 时，K_d^* 又分别仅为单一时的 45.8%、35.1% 和 18.8%，均随 Tween80 比例的增大而降低。阳离子表面活性剂和非离子型表面活性剂混合使用可以显著降低 PAHs 在土-水体系中的分配系数。

一定浓度的表面活性剂加入会增大或减小 PAHs 在土壤中的分配系数，但对于不同的化合物其影响是不同的。将 FTMA-Tween80 表面活性剂混合体系质量比为 1:1 时，不同表面活性剂浓度下芘、菲、苊的分配系数进行对比，对比曲线如图 5-40 所示。从图中可以看出，相同表面活性剂浓度下，芘、菲、苊的分配系数随其 K_{ow} 的增大、S_w 的减小而增大，K_d^* 的大小顺序为芘＞菲＞苊。对于芘、菲、苊，其分配系数的最大值分别为 447L/kg、215L/kg、62L/kg。

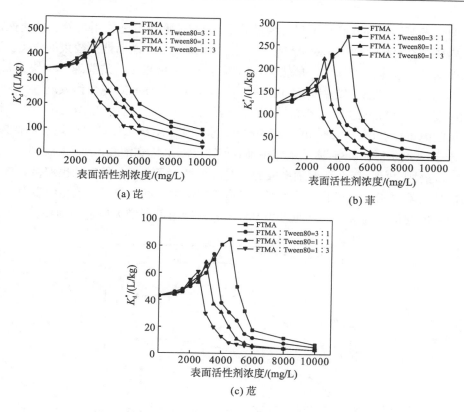

图 5-39　不同表面活性剂体系对芘、菲、苊分配系数的影响

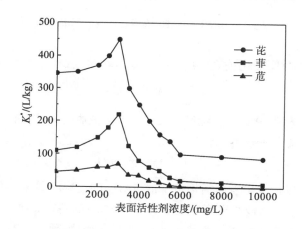

图 5-40　芘、菲、苊的分配系数对比

5.6.3　FTMA-Tween80 混合体系对 PAHs 污染土壤的洗脱

表面活性剂对土壤中 PAHs 的洗脱作用存在 2 种机制：①表面活性剂单体分子的作用；②表面活性剂胶束的增溶作用。一方面，表面活性剂单体聚集在土壤-PAHs、土壤-水界面，通过改变体系的润湿性增大土壤和 PAHs 之间的接触角，促进 PAHs 和土壤颗粒的分离；

另一方面，表面活性剂在液相中形成大量胶束，PAHs 通过分配作用进入表面活性剂胶束憎水性内核。表面活性剂单体对 PAHs 的解吸作用远低于表面活性剂胶束的作用。随着水相中表面活性剂胶束浓度增大，单位体积内可容纳 PAHs 增多，洗脱速率加快。

图 5-41 显示了在土-水比为 1∶10 条件下，FTMA-Tween80 混合体系质量比为 1∶3，且初始浓度为 3000mg/L 时，不同时间内混合表面活性剂对 PAHs 污染土壤的一次性洗脱结果。从图中可以看出，在最初的 100min 内，水相中 PAHs 浓度随时间增加而快速增加，而后趋于平缓。约 150min 后体系水相中菲、苊浓度基本达到饱和，而芘则在约 4h 后才达到饱和。洗脱刚开始，表面活性剂形成的大量胶束增大了其对 PAHs 的摄取量，从而加快了 PAHs 从土壤固相向水相的传质速率。但是随着洗脱时间的延长，水相中表面活性剂胶束增溶 PAHs 的量达到最大，继而水相 PAHs 的浓度由逐渐增大也趋向饱和。

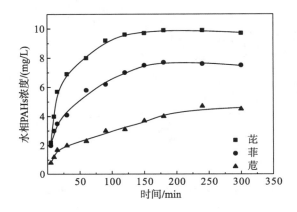

图 5-41　水相中 PAHs 浓度与洗脱时间的关系

水相 PAHs 浓度-时间变化关系可用一级速率方程描述：

$$\frac{dC}{dt} = k(C_m - C)$$ （5-26）

式中，C 是 t 时间水相中 PAHs 的浓度，mg/L；t 为洗脱时间，min，C_m 是水相中 PAHs 的饱和浓度，mg/L；k 是一级速率常数，min^{-1}。式 (5-26) 的积分形式如下：

$$C = C_m\left[1 - \exp(-kt)\right]$$ （5-27）

采用式 (5-27) 可以估算出表面活性剂洗脱 PAHs 的速率常数 k。将所计算出的芘、菲、苊的 k 和 C_m 进行比较，比较结果列于表 5-17 中。曲线的斜率 k 越大，表明水相中 PAHs 浓度增大的速率越快，PAHs 自土壤固相向水相的传质速率越快，饱和浓度越大，洗脱效果越好。表 5-17 中的结果显示，3 种 PAHs 的 k 和 C_m 大小顺序均为苊>菲>芘，表明相同条件下，表面活性剂对苊的洗脱速率最快、去除率最高。

研究表明，阳-非离子型混合表面活性剂不仅可以提高对 PAHs 的增溶能力，还可降低表面活性剂在土壤上的吸附，从而降低 PAHs 在土-水体系中的分配系数，因此更有利于增强污染土壤中 PAHs 的洗脱。

表 5-17 PAHs 洗脱试验的一级速率方程回归结果

PAHs	k/min^{-1}	$C_m/(\mathrm{mg/L})$	R^2
芘	0.012	4.3	0.939
菲	0.025	7.7	0.975
苊	0.031	9.8	0.985

接下来研究浓度为 0～10000mg/L 的不同质量比 FTMA-Tween80 混合表面活性剂和单一表面活性剂（FTMA、Tween80）对污染土壤中 PAHs 的洗脱效果。不同表面活性剂浓度下，芘、菲、苊在水相中的浓度变化如图 5-42 所示。从图中可以看出，单一和混合表面活性剂体系下，芘、菲、苊在水相中的浓度随表面活性剂浓度变化呈现出相同变化趋势。在较低表面活性剂浓度下，PAHs 在水相中的浓度随表面活性剂浓度的增大变化较小。当表面活性剂浓度进一步增大至某一浓度时，芘、菲、苊在水相中的浓度急剧增大，然后随表面活性剂浓度的增大而进一步增大。其原因为在较低浓度下，溶液中的表面活性剂以单体形式存在，被土壤强烈吸附，增溶能力较弱。随着浓度增大，表面活性剂在土壤上的吸附逐渐增大而达到饱和，此时表面活性剂在溶液中迅速形成胶束，胶束的增溶作用增大了 PAHs 在液相中的浓度。随着表面活性剂浓度进一步增大，胶束浓度也逐渐增大，从而使得 PAHs 在液相中的浓度逐渐升高。

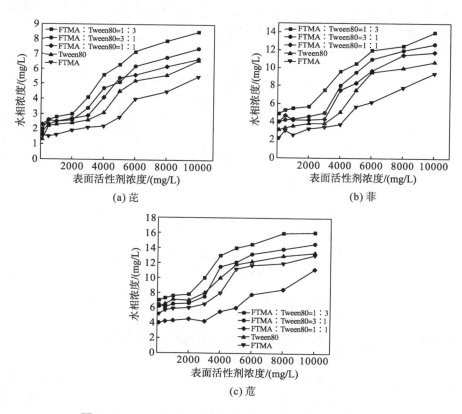

(a) 芘

(b) 菲

(c) 苊

图 5-42 PAHs 在水相中的浓度随表面活性剂浓度的变化

从图 5-42 中也可以看出，FTMA-Tween80 混合表面活性剂的洗脱能力远远大于单一 FTMA，且随着混合体系中 Tween80 质量分数的增加，洗脱能力增大，ω(FTMA)：ω(Tween80)=1：3 时，洗脱效果最好。以菲为例，表面活性剂浓度均为 4000mg/L 时，菲在水相中的浓度在单一 FTMA 条件下仅为 3.7mg/L，而当 FTMA-Tween80 混合体系质量比为 1：3、1：1、3：1 时，菲在水相中的浓度分别为 9.6mg/L、5.1mg/L、8.0mg/L。

混合表面活性剂洗脱能力较强主要是因为：①混合表面活性剂的协同增溶作用，形成的混合胶束较稳定，混合体系对 PAHs 的增溶能力随 Tween80 含量的增大而增大；②混合体系可减少在土壤上的吸附损失。随着 FTMA-Tween80 混合表面活性剂体系中 Tween80 含量的增大，FTMA 在土壤上的吸附量减小，降低了吸附态 FTMA 对水相中 PAHs 的吸附。两方面作用的共同结果，使得 FTMA-Tween80 混合表面活性剂的洗脱能力远远大于单一表面活性剂。

对于不同的 PAHs，由于其性质各异，表面活性剂对其洗脱效果也是不同的。将 FTMA-Tween80 表面活性剂混合体系质量比为 1：3 时，不同表面活性剂浓度下芘、菲、蒽的洗脱率进行对比，对比曲线如图 5-43 所示。从图中可知，相同浓度下，表面活性剂对芘、菲、蒽的洗脱率大小顺序为蒽＞菲＞芘，最大洗脱率分别为 81%、68%、40%，这与它们的物理化学性质参数有关。根据 PAHs 在土壤上的吸附实验得到的表 5-16 可知，芘、菲、蒽的分配系数 K_d 分别为 341.2L/kg、120.6L/kg、44.7L/kg，其大小顺序为芘＞菲＞蒽，与对应的辛醇/水分配系数 K_{ow} 呈正相关，即 K_{ow} 越大，其疏水性越强，更易通过分配作用进入土壤有机质中，从而具有较大的 K_d。K_d 越大，水溶性越小，在土壤中的吸附作用越强，相应地洗脱就越困难。

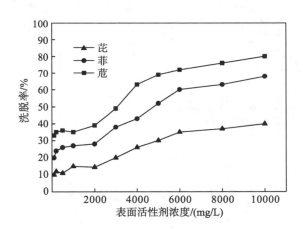

图 5-43   芘、菲、蒽的洗脱率对比

5.6.4   FTMA-Tween80 混合体系对 PAHs 的释放规律研究

通过电化学氧化/还原可逆调控，可实现增溶 PAHs 与"开关"表面活性剂胶束的增溶-释放循环，如图 5-44 所示。当表面活性剂处于表面活性态(还原态)时，表面活性剂分子不断聚集，形成胶束，溶解的 PAHs 被稳定地包裹于表面活性剂胶束中(A)。通过电化

学氧化,表面活性剂胶束解散,处于非表面活性态(氧化态),被增溶的分子得以释放(B)。将表面活性剂与 PAHs 进行分离,再对其单体进行逆向电化学还原调控,表面活性剂又恢复了其增溶特性,重新形成胶束,从而实现电化学"开关"表面活性剂与 PAHs 的增溶-释放循环过程。

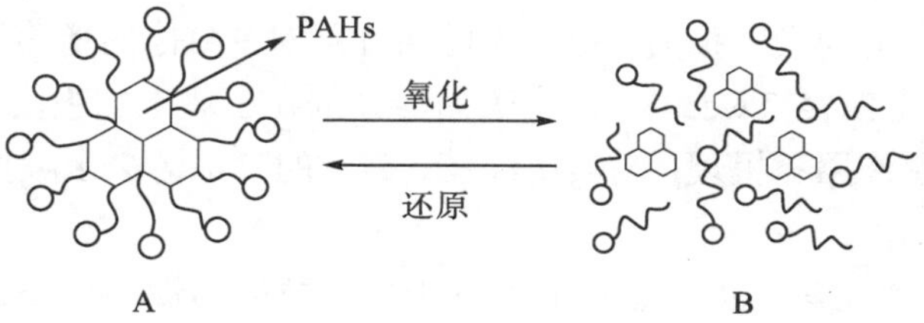

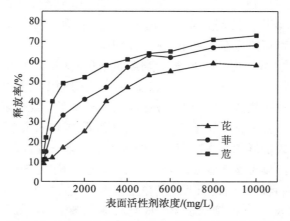

图 5-44   电化学可逆调控 PAHs 增溶-释放循环图

  对已饱和增溶 PAHs 的混合表面活性剂洗脱溶液进行电化学氧化使污染物与表面活性剂分子分离,测定最终表面活性剂溶液中剩余 PAHs 的量,菲、芘、苊的释放率 R 随FTMA-Tween80 混合表面活性剂浓度变化关系如图 5-45 所示。由图 5-45 可以看出,随着表面活性剂浓度的增大,芘、菲、苊的释放率逐渐增大,而且当 FTMA-Tween80 混合表面活性剂浓度一定时,释放率大小顺序为苊>菲>芘。这与 PAHs 本身的水溶解性相关,苊水溶性较强,且其分配能力较芘和菲的弱,因此释放率较大。当表面活性剂浓度达到最大 10000mg/L 时,苊、菲、芘的释放率分别为 73%、68%、58%,仍有一部分的 PAHs 不能与混合表面活性剂分子分离释放。这主要是由于溶液中表面活性剂胶束和单体共同存在,且二者均会对 PAHs 产生增溶作用,而单体对芘、菲、苊的增溶作用又相对较弱,胶束因疏水性有机微环境的存在对 PAHs 产生显著的增溶作用,通过电化学氧化后,表面活性剂胶束转变为单体,所形成的表面活性剂单体仍会对少量的芘、菲、苊产生增溶作用,而无法与之分离。另外,也可能是由于表面活性剂与 PAHs 分子间存在相互作用力,PAHs分子无法被完全释放。

图 5-45   表面活性剂浓度对芘、菲、苊释放率的影响

5.7 小   结

针对以"开关"表面活性剂形成一类新的有机污染土壤可逆增溶修复方法，本章在减少表面活性剂在土壤上的吸附损失、提高表面活性剂对 PAHs 的增溶洗脱效率基础上，研究了单一 FTMA 及 FTMA-Tween80 混合表面活性剂在土壤上的吸附行为以及其对 PAHs 污染土壤的增溶洗脱作用和机理，为实现经济、高效的有机污染土壤增溶修复技术提供理论依据。主要结论如下：

(1)对比了 FTMA 与具有类似结构的常规阳离子表面活性剂 CTAB 在膨润土上的吸附行为，发现二者吸附变化规律一致。FTMA 的饱和吸附量约为膨润土的 1 CEC，表明吸附机制主要为阳离子交换作用，而且其吸附损失量较 CTAB 小，在污染土壤修复中更具优势。不同温度下，FTMA 在膨润土上的吸附等温线均满足 Langmuir 吸附模型，吸附以单分子层吸附为主，吸附动力学符合准二级吸附速率方程，化学吸附是主要控制速率步骤。通过计算热力学参数得出，$\Delta G_{\mathrm{m}}^{\ominus} < 0$、$\Delta H_{\mathrm{m}}^{\ominus} > 0$，说明该吸附是自发吸热过程；$\Delta S_{\mathrm{m}}^{\ominus} > 0$，说明吸附到膨润土表面或层间过程中体系的混乱度增加。

(2)土壤的一些关键因子均会对吸附产生一定的影响。随体系离子强度增大，FTMA 吸附量下降；共存阳离子对吸附有抑制作用，且影响程度大小为 $Ca^{2+}>K^{+}>Na^{+}$；pH 对吸附影响较小；腐殖酸含量的增大促进了 FTMA 的吸附。因此，在土壤修复技术中，可根据实际情况，通过调节关键因子，降低表面活性剂在土壤上的吸附，以达到较好的修复效果。

(3)单一的 FTMA 溶液具有氧化还原可逆特性，为验证 FTMA 与常规表面活性剂混合是否也具有可逆特性，采用循环伏安法研究了不同 FTMA-Tween80 质量比下的电化学行为，氧化峰和还原峰峰电位之差 $\Delta E_{\mathrm{p}} = 50.2\,\mathrm{mV}$，峰电流之比 $I_{\mathrm{pa}}/I_{\mathrm{pc}} = 1.28$，说明 FTMA-Tween80 混合体系具有较好的电化学可逆特性。混合体系经电化学氧化，转化效率可达 84%。

(4)非离子型表面活性剂 Tween80 的加入可以降低 FTMA 在膨润土上的吸附，同时，Tween80 的吸附量随 FTMA 浓度的增加呈线性下降。由于表面活性剂之间的吸附竞争，FTMA-Tween80 混合表面活性剂的吸附量远小于单一表面活性剂吸附量之和，表明阳-非离子型混合表面活性剂可降低在土壤上的吸附损失。

(5)通过 XRD 图谱分析可知，随着 FTMA 负载量的增加，膨润土 d_{001} 衍射峰明显向小角度偏移，底面层间距逐渐增大。吸附态 FTMA 在膨润土层间呈现出平卧单层、平卧双层和倾斜单层三种排列模式。FTMA-Tween80 阳-非离子型混合表面活性剂吸附到膨润土上时，其 d_{001} 较单一表面活性剂显著增大，且随体系中 Tween80 浓度增大，d_{001} 呈现逐渐增大趋势，与混合表面活性剂在膨润土上的吸附量变化一致。

(6)模拟 PAHs 污染土壤洗脱实验表明，阳-非离子型混合表面活性剂不仅能增强对 PAHs 的溶解能力，而且能降低表面活性剂在土壤上的吸附损失，降低了 PAHs 在土-水体系中的表观分配系数 K_{d}^{*}，从而增强了 PAHs 在污染土壤中的洗脱效率。通过一级速率方程回归结果可知，表面活性剂对 PAHs 的洗脱速率大小顺序为芘＞菲＞芘。当 ω(FTMA)：ω(Tween80)=1：3 时，洗脱效果最好，芘、菲、芘的最大洗脱率分别为 81%、68%、40%。

　　(7) 对已增溶饱和的 FTMA-Tween80 混合表面活性剂进行电化学氧化控制，释放率随表面活性剂浓度的增大而增大，且苊、菲和芘的释放率依次降低，这与 PAHs 本身的水溶性相关。3 种 PAHs 的释放率均为 60%~80%，主要是由于经氧化后形成的表面活性剂单体也具有一定的增溶作用，以及分子间相互作用力的存在。

参 考 文 献

[1] 高颖, 邬冰. 电化学基础[M]. 北京: 化学工业出版社, 2004: 94-135.

[2] Bard A J, Faulkner L R. Electrochemical methods: fundamentals and applications[M]. New York: Wiley, 1980: 46-72.

[3] Saji T, Hoshino K, Aoyagui S. Reversible formation and disruption of micelles by control of the redox state of the head group[J]. Journal of the American Chemical Society, 1985, 107(24): 6865-6868.

[4] Kile D E, Chiou C T. Water solubility enhancements of DDT and trichlorobenzene by some surfactants below and above the critical micelle concentration[J]. Environmental Science Technology, 1989, 23(7): 832-838.

[5] Edwards D A, Luthy R G, Liu Z B. Solubilization of polycyclic aromatic hydrocarbons in micellar nonionic surfactant solutions[J]. Environmental Science & Technology, 1991, 25(1): 127-133.

[6] Rosen M J. Surfactants and interfacial phenomena[M]. 2nd ed. New York: John Wiley and Sons, 1989.

[7] Zhao B W, Zhu L Z, Yang K. Solubilization of DNAPLs by mixed surfactant: reduction in partitioning losses of nonionic surfactant[J]. Chemosphere, 2006, 62(5): 772-779.

[8] Dar A A, Rather G M, Das A R. Mixed micelle formation and solubilization behavior toward polycyclic aromatic hydrocarbons of binary and ternary cationic-nonionic surfactant mixtures[J]. Journal of Physical Chemistry B, 2007, 111(12): 3122-3132.

[9] Attwood D, Florence A T. Surfactant solutions [M]. New York: Marcel Dekker Inc, 1967.

[10] 李克斌, 刘惠君, 马云, 等. 不同类型表面活性剂在土壤上的吸附特征比较研究[J]. 应用生态学报, 2004, 15(11): 2067-2071.

[11] Goddard E D. Surfactants and interfacial phenomena[J]. Journal of Colloid & Interface Science, 2004, 68(6): 347.

[12] 赵国玺. 表面活性剂复配原理[J]. 石油化工, 1987, 16(01): 45-52.

[13] Zhang Y X, Zhao Y, Zhu Y, et al. Adsorption of mixed cationic-nonionic surfactant and its effect on bentonite structure[J]. Journal of Environmental Scineces, 2012, 24(8): 1525-1532.

[14] Khenifi A, Bouberka Z, Sekrane F, et al. Adsorption study of an industrial dye by an organic clay[J]. Adsorption, 2007, 13(2): 149-158.

[15] 李济吾, 朱利中, 蔡伟建. 微波作用下表面活性剂在膨润土上的吸附行为特征[J]. 环境科学, 2007, 28(11): 2642-2645.

[16] Hu B W, Cheng W, Zhang H, et al. Solution chemistry effects on sorption behavior of radionuclide ^{63}Ni(II) in illite-water suspensions[J]. Journal of Nuclear Materials, 2010, 406(2): 263-270.

[17] Brownawell B J, Chen H, Collier J M, et al. Adsorption of organic cations to natural materials[J]. Environmental Science & Technology, 1990, 24(8): 1234-1241.

[18] Pramanik P, Kim P J. Fractionation and characterization of humic acids from organic amended rice paddy soils[J]. Science of the Total Environment, 2014, 466-467(1): 952-956.

[19] 田昭武, 苏文煅. 电化学基础研究的进展[J]. 电化学, 1995, 1(4): 375-383.

[20] Zhu J X, He H P, Guo J G, et al. Arrangement models of alkylammonium cations in the interlayer of HDTMA$^+$ pillared montmorillonites[J]. Chinese Science Bulletin, 2003, 48(4): 368-372.

[21] 赵保卫. 混合表面活性剂吸附和分配损失减小的热力学机制[J]. 环境化学, 2008, 27(3): 296-300.

第6章 光化学"开关"表面活性剂可逆增溶修复有机污染土壤

　　偶氮苯类化合物也是一类具有"开关"特性的表面活性物质，该类化合物可在紫外/可见光照射下发生顺反异构反应，其表面化学性质也随之发生改变，并且在紫外/可见光调控过程中，无须特定的场地以及其他化学试剂的加入，也有望成为 RSER 技术修复污染土壤中理想的淋洗剂。本章对含偶氮苯基光化学"开关"表面活性剂 4-丁基偶氮苯-4'-(乙氧基)三甲基溴化铵(AZTMA)的光化学可逆特性以及相关表面性质进行研究，重点探讨单一组分(AZTMA)以及其与常规表面活性剂复配的混合体系(AZTMA-Tween80)对 PAHs 的可逆增溶-释放规律，同时以提高处理效率、减少表面活性剂损失为出发点，详细研究其在土壤上的吸附行为。

6.1 偶氮苯光化学"开关"表面活性剂的可逆特性

6.1.1 AZTMA 的光化学行为

　　图 6-1 显示了 0.05mmol/L 的 AZTMA 溶液分别经过不同光照控制的全波长吸收光谱。当 AZTMA 经过 365nm 紫外光照射后，原本在 350nm 处的特征吸收波峰消失，并在 440nm 处出现新的吸收波峰；根据 Orihara 等[1]的研究发现，可以推测紫外光能够促使 AZTMA

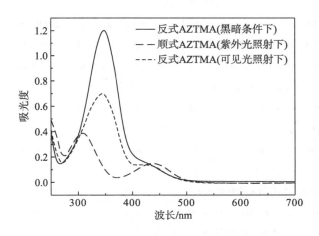

图 6-1　AZTMA 溶液紫外吸收光谱图

发生顺反异构反应,由反式结构转变为顺式结构。之后经过≥420nm 的可见光照射,AZTMA 在 350nm 处的特征吸收波峰又重新出现,这表明 AZTMA 能够在紫外/可见光光照刺激下发生顺反异构变化,并且具备可逆特性。然而,从图中还可以发现,经过可逆调控重新生成的反式 AZTMA 的吸光度比原来下降了 0.5,并不能完全恢复至原始状态,这主要是因为 AZTMA 在发生顺反异构时产生了能量壁垒效应,阻碍了偶氮苯基团吸光旋转,抑制了光反应进程。

6.1.2　AZTMA 光异构随时间的变化

为明确所制得 AZTMA 的光敏可逆特性,考察 AZTMA 在紫外光和可见光照射下的光异构程度随时间变化规律,结果如图 6-2 所示。原浓度为 10mmol/L 的反式 AZTMA 在紫外光的照射下,发生顺反异构反应,其浓度迅速降低。50min 后,反式 AZTMA 浓度开始趋于 0,几乎全部转化为顺式 AZTMA。同样,顺式 AZTMA 在可见光照射下迅速转变为反式结构,约 90min 后达到平衡,此时由于能量壁垒效应[2]的存在,平衡浓度约为 8mmol/L。将此过程进行重复,可以发现 AZTMA 依旧展现出良好的光化学可逆特性,并且调控后反式 AZTMA 的浓度都稳定在 8mmol/L,并未随着反应进程的增加而减少。由此可见,通过光照可以方便、快捷地对 AZTMA 化学结构进行调控,这种调控手段无须特定的场地及外源性物质的加入,为 AZTMA 应用于 SER 技术创造了条件。

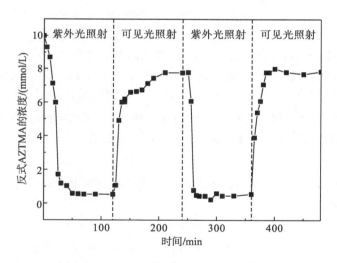

图 6-2　AZTMA 吸光度随光照时间的变化

6.1.3　AZTMA 的表面张力与临界胶束浓度

图 6-3 为 AZTMA 在反式和顺式状态下表面张力随溶液浓度变化的曲线。如图 6-3 所示,AZTMA 的表面张力随溶液浓度的增大而减小,达到一定值后趋于平缓。于曲线的拐点处求得反式 AZTMA 溶液的 CMC 为 2.0mmol/L,顺式 AZTMA 溶液的 CMC 为

5.1mmol/L，与之所对应的表面张力分别为 27.4mN/m 和 30.3mN/m。由于反式 AZTMA 拥有比顺式结构更低的表面张力与临界胶束浓度，可以判定反式与顺式结构分别为 AZTMA 的活性态与非活性态。另外，两种状态下 AZTMA 的 CMC 存在差异，这表明反式 AZTMA 拥有比顺式 AZTMA 更长的有效碳链，并且更易于形成胶束。以上结果进一步证明，经过光照，AZTMA 中的偶氮苯基团发生了顺反异构反应。基于 AZTMA 的这种光敏可逆特性，可通过紫外/可见光的照射来控制 AZTMA 胶束的形成。

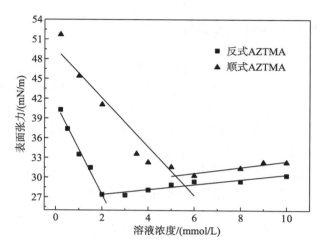

图 6-3　AZTMA 溶液在不同构型下的表面张力

此外，表面活性剂的表面张力及 CMC 还能反映其相关环境效应。Rosen 和 Kunjappu[3] 指出，表面活性剂的生物毒性将会随表面活性剂分子在气/液界面上的标准吉布斯自由能 $(-G_{ad}^{\ominus})$ 与表面活性剂分子的最小水化横截面积 (A_{min}) 比值的升高而升高。$-\Delta G_{ad}^{\ominus}/A_{min}$ 值越大，表明表面活性剂分子越易于穿透生物的细胞膜，从而在生物体内累积，造成不良环境效应。A_{min} 可通过吉布斯吸附方程求出，$-G_{ad}^{\ominus}$ 的计算表达如下：

$$\Delta G_{ad}^{\ominus}=-5708\left(pC_{20}+1.74\right)-120.5A_{min} \tag{6-1}$$

式中，C_{20} 表示使得表面活性剂溶液表面张力下降 20mN/m 所需表面活性剂的摩尔浓度，pC_{20} 即为其负对数。

AZTMA 溶液气/液界面相关参数如表 6-1 所示，其中反式和顺式 AZTMA 的 $-\Delta G_{ad}^{\ominus}/A_{min}$ 分别为 99.05kJ/(mol·Å²) 和 104.48kJ/(mol·Å²)。与常规阴离子表面活性剂十二烷基硫酸钠(SDS)比较发现，由于 AZTMA 的疏水碳链相对较为蜷曲，分子水化横截面积更大，即使 AZTMA 表现出比 SDS 更高的界面吉布斯自由能，其穿透生物细胞膜的概率却相对较低。由此预测，无论反式还是顺式结构的 AZTMA 都将难以累积在生物体内，二者均具备比常规阴离子表面活性剂更低的生物毒性，能够很好地满足 SER 技术对环境风险性的需求。

表 6-1 表面活性剂溶液气/液界面相关参数

	pC_{20}	$-\Delta G_{ad}^{\ominus}$ /(kJ/mol)	A_{min}/Å^2	$-\Delta G_{ad}^{\ominus}$ /A_{min}/[kJ/(mol·Å^2)]
反式 AZTMA	4.64	45.64	76.54	99.05
顺式 AZTMA	3.64	37.98	60.38	104.48
C$_{12}$H$_{25}$SO$_4$Na①	3.68	37.00	50.40	121.95

注：①表面活性剂 C$_{12}$H$_{25}$SO$_4$Na 的 pC_{20}、$-\Delta G_{ad}^{\ominus}$、A_{min} 值[3]。

6.2 AZTMA 对 PAHs 的可逆增溶作用

SER 技术对表面活性剂淋洗液具有很高的要求。一般情况下，采用增溶效率高的表面活性剂不仅能提高 SER 技术的修复效率，同时还能有效降低修复成本。由于光化学"开关"表面活性剂特有的结构和性质，它将有可能取代常规表面活性剂应用于有机物污染土壤可逆增溶修复。已有研究表明，AZTMA 对非水相液体乙苯具备良好的增溶-释放效果[1]，然而目前仍然缺乏光化学"开关"表面活性剂与土壤中常见有机污染物增溶淋洗修复方面的研究。由于 PAHs 具有极强的疏水性，提高表面活性剂淋洗液对 PAHs 的增溶能力是土壤修复技术亟须解决的关键问题[4]。为解决此问题，本节以土壤中普遍存在的 3 种 PAHs，即芘、菲、苊为目标有机污染物(表 6-2)，考察 AZTMA 的可逆增溶能力，并详细探讨其增溶作用机理。

表 6-2 PAHs 的物理化学参数

名称	分子式	摩尔质量/(g/mol)	lgK_{ow}②	S_w③/(mg/L)	S_w④/(mg/L)
芘	C$_{16}$H$_{10}$	202.3	4.88	0.123	0.129
菲	C$_{15}$H$_{10}$	178.2	4.46	0.901	1.176
苊	C$_{12}$H$_8$	152.2	3.92	4.267	4.055

注：②有机物的辛醇/水分配系数[5]；③PAHs 在水中的溶解度(文献值)[5]；④PAHs 在水中的溶解度(实测)。

6.2.1 AZTMA 对 PAHs 的增溶动力学

反式 AZTMA 存在条件下，芘、菲、苊的表观溶解度如图 6-4 所示，S_w^* 表示芘、菲、苊在表面活性剂溶液中的表观溶解度(mg/L)。可见，芘、菲、苊的增溶量均随着反应的进行逐渐增大，经过大约 12h 达到增溶平衡。从图 6-4 还可以看出，此 3 种 PAHs 的溶解度大小顺序为苊＞菲＞芘，这是因为表面活性剂对 PAHs 的增溶作用大小与其憎水性呈负相关，憎水性越大，表示该 PAHs 的增溶量越小。

通常情况下，表面活性剂溶液对难溶有机物的增溶作用包含如下过程：胶束在有机物/水界面上的吸附与解吸，如图 6-5(a)所示；表面活性剂胶束与有机物分子在溶液中共同扩散，如图 6-5(b)所示。描述此两种动态增溶过程可分别采用 Chan 等[6]提出的胶束吸附-解吸模型与 Carroll 等[7]提出的分子扩散模型，并分别通过准一级动力学方程与准二级动

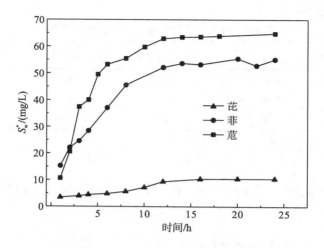

图 6-4 反应时间对反式 AZTMA 增溶芘、菲、苊的影响

力学方程来表示，其表达式如下：

准一级动力学方程为

$$dC/dt = k_1(C_e - C) \tag{6-2}$$

变换得

$$C = C_e(1 - e^{-k_1 t}) \tag{6-3}$$

准二级动力学方程为

$$dC/dt = k_2(C_e - C)^2 \tag{6-4}$$

其线性表达式为

$$t/C = t/C_e + 1/k_2 C_e^2 \tag{6-5}$$

式中，C_e、C 分别表示增溶平衡时以及某一确定时刻 t 时溶解在表面活性剂溶液中有机物的浓度，mg/L；k_1、k_2 分别为准一级、准二级动力学方程反应速率常数，单位分别为 min^{-1} 和 $\mathrm{L/(mg \cdot min)}$；$t$ 为反应时间，min。

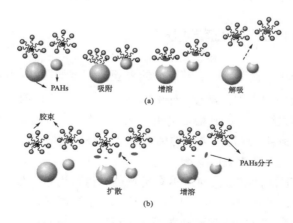

图 6-5 表面活性剂溶液两种增溶模式

图 6-6 对芘、菲、苊的增溶分别进行了不同动力学方程拟合，相关拟合参数如表 6-3 所示。通过比较可以发现，准二级动力学方程更好地描述了活性态 AZTMA 对 PAHs 的增溶过程，这说明增溶过程中，PAHs 分子在溶液中的扩散占据了主导地位。虽然 PAHs 表现出很强的疏水性，但是根据其本身的性质可以看出水中仍然可以溶解一部分 PAHs。此时由于表面活性剂胶束的存在，溶解于水溶液中的 PAHs 分子通过疏水碳链的作用进入胶束中。在表面活性剂发挥增溶作用时，此过程一直存在，然而由于表面活性剂溶液的性质和浓度一定，增溶过程最终趋于饱和，但此时仍然有溶质分子不断被增溶至胶束内，而胶束也将向溶液中释放溶质，从而抑制溶质在纯水中的扩散[8,9]。

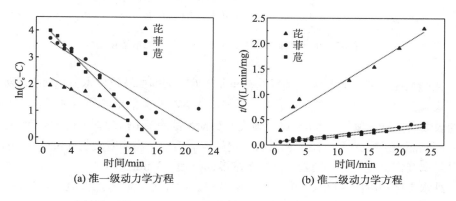

(a) 准一级动力学方程　　　(b) 准二级动力学方程

图 6-6　反式 AZTMA 溶液对芘、菲、苊的增溶动力学拟合

表 6-3　不同动力学模型拟合参数

PAHs	准一级动力学方程			准二级动力学方程		
	$C_e/$(mg/L)	k_1/min^{-1}	R^2	$C_e/$(mg/L)	$k_2/[\text{L}/(\text{mg·min})]$	R^2
芘	11.63	0.11	0.701	15.62	6.20×10^{-3}	0.958
菲	55.32	0.21	0.844	67.20	3.35×10^{-3}	0.989
苊	65.41	0.25	0.981	79.97	3.28×10^{-3}	0.996

6.2.2　AZTMA 对 PAHs 的增溶作用

图 6-7 显示了活性态 AZTMA 对芘、菲、苊的增溶比（S_w^*/S_w）。由图 6-7 可知，反式 AZTMA 对 PAHs 表现出很明显的增溶效果。当表面活性剂浓度低于其 CMC（2mmol/L）时，PAHs 的增溶比随着浓度的上升缓慢增加，这是因为表面活性剂单体对难溶有机物仍然有一定的增溶能力；而当浓度高于 CMC 时，溶液中的 AZTMA 单体开始聚集形成胶束，增溶比呈线性急剧上升，同增溶动力学实验结果一致。由于芘、菲、苊分别具有不同的水溶性和有机相分配作用，此 3 种有机污染物增溶能力大小遵循芘>菲>苊。浓度较高时，AZTMA 对 PAHs 具有很强的增溶效果，例如，当反式 AZTMA 浓度为 10mmol/L 时，芘、菲、苊在表面活性剂溶液中的溶解度分别为其在纯水中溶解度的 69 倍、24 倍、16 倍。

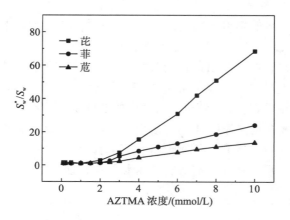

图 6-7　反式 AZTMA 溶液对芘、菲、苊的增溶作用

　　由于 AZTMA 可通过光照实现其活性态与非活性态之间的转化，本节也研究了处于非活性态的顺式 AZTMA 对 PAHs 的增溶作用，并与反式 AZTMA 的增溶能力进行对比。如图 6-8 所示，当表面活性剂浓度低于 5mmol/L（顺式 AZTMA 溶液的 CMC）时，PAHs 溶解度的提升并不明显；然而由于顺式 AZTMA 仍具有一定的表面活性，当浓度大于 5mmol/L 时，PAHs 的溶解度呈现线性上升趋势；当表面活性剂浓度同样为 10mmol/L 时，芘、菲、苊溶解度分别为其在纯水中溶解度的 30 倍、10.47 倍、8.29 倍。由此可见顺式 AZTMA 对 PAHs 的增溶作用明显弱于反式 AZTMA。顺式 AZTMA 较反式 AZTMA 的疏水碳链呈现出内弯的趋势，使得顺式 AZTMA 单体形成的胶束更为拥挤，一是会造成表面活性剂胶束难以形成，二是胶束疏水内核静电排斥力增加，因此 PAHs 分子更加难以进入顺式 AZTMA 胶束，从而导致增溶作用的降低。同时，可再次确认 AZTMA 溶液的表面活性可通过外界不同波段光照调控。

　　因为 MSR 和 K_{mc} 可用于表征表面活性剂对有机污染物的增溶能力，故计算顺反两种状态下 AZTMA 溶液中芘、菲、苊的 MSR 及 $\lg K_{mc}$，如表 6-4 所示，并将其和与 AZTMA 具有相同亲水头基的常规阳离子表面活性剂十六烷基三甲基溴化铵（CTAB）进行对比，可以发现，反式 AZTMA 与 CTAB 对芘的增溶能力几乎相当。值得注意的是，反式 AZTMA 对菲和苊展现出了比 CTAB 更强的增溶能力，由此可以说明 AZTMA 能够很好地满足 SER 技术对表面活性剂淋洗液增溶效率的要求。同时，所选 PAHs 在表面活性剂溶液中的 MSR 与 K_{mc} 的变化规律一致，均表现为苊>菲>芘。

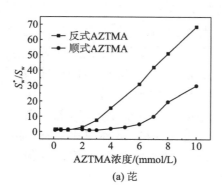

(a) 芘

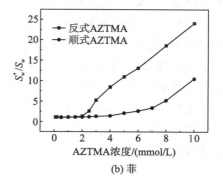

(b) 菲

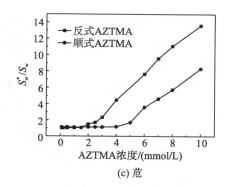

(c) 苊

图 6-8　顺式/反式 AZTMA 溶液对芘、菲、苊的增溶作用

表 6-4　AZTMA 对 PAHs 的摩尔增溶比（MSR）及胶束/水分配系数（K_{mc}）

	芘		菲		苊	
	MSR	lgK_{mc}	MSR	lgK_{mc}	MSR	lgK_{mc}
反式 AZTMA	$0.66×10^{-2}$	2.23	$3.92×10^{-2}$	2.02	$5.02×10^{-2}$	1.76
顺式 AZTMA	$0.05×10^{-2}$	1.83	$2.59×10^{-2}$	1.50	$3.17×10^{-2}$	1.25
CTAB	$1.60×10^{-2}$	2.65	$2.70×10^{-2}$	2.09	$4.40×10^{-2}$	1.81

通过表 6-4 可知，顺式 AZTMA 溶液中，PAHs 的 lgK_{mc} 均小于其在反式 AZTMA 溶液中的 lgK_{mc}，说明 PAHs 在反式 AZTMA 胶束相中的分配效果较好。由图 6-9 可知，lgK_{mc} 与 lgK_{ow} 呈现较好的线性关系，这与常规表面活性剂的增溶特性相符[10]，意味着活性态 AZTMA 对 PAHs 的增溶作用可用于有机污染土壤修复。

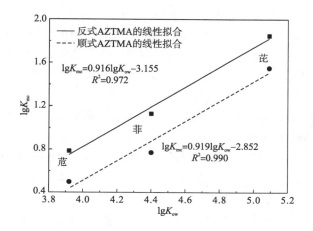

图 6-9　AZTMA 溶液中 lgK_{mc} 和 lgK_{ow} 的关系

6.2.3　光化学控制 AZTMA 对 PAHs 释放规律

AZTMA 中的偶氮苯结构能对其表面性质产生很大的影响，通过光照，可以实现 AZTMA 胶束与 PAHs 之间的增溶与释放。图 6-10 显示了我们推断的胶束增溶-释放循环

过程。如图 6-10 所示，当 AZTMA 处于反式结构时，其胶束表现出表面活性并能对 PAHs 进行增溶(A)。经过紫外光照射，反式 AZTMA 转化成其顺式结构，因其具备拥挤的疏水内核以及更短的有效碳链，表面活性剂溶液表面活性显著降低，多余的 PAHs 开始从胶束中释放出来(B)。之后，失去活性的顺式 AZTMA 再通过可见光照射，重新转化为反式 AZTMA，此时原本分散开来的表面活性剂单体又重新聚合成胶束，AZTMA 的表面活性得到恢复，重新具备增溶 PAHs 的能力(C)。总而言之，AZTMA 具备多次增溶-释放有机污染物的潜力，不仅如此，AZTMA 表现在表面活性上的可逆特性使得其拥有更加广阔的应用前景。

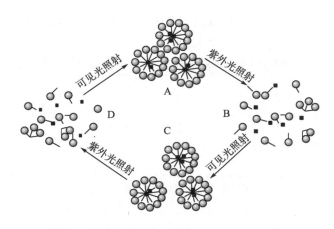

图 6-10　光化学调控 PAHs 增溶-释放示意图

　　　AZTMA 对 PAHs 表现出了良好的增溶效果，然而，作为一种"开关"表面活性剂，其释放率也应当是考察的重点。如图 6-11 所示，当 AZTMA 的浓度为 2～4mmol/L 时，PAHs 的释放率随着表面活性剂浓度的增加而增加。当浓度高于 4mmol/L 时，释放率开始逐渐下降。这主要是因为 AZTMA 两种状态的 CMC 分别为 2mmol/L 与 5mmol/L，浓度较低时，两种状态的 AZTMA 仍以表面活性剂单体的形式存在，因此经过变换，并未有太多 PAHs 释放。当浓度高于 2mmol/L 时，反式 AZTMA 的胶束解散，因此释放率在 2～5mmol/L 之间达到最大值。随着浓度的继续升高，当浓度超过 5mmol/L 时，顺式 AZTMA 浓度仍然处于其 CMC 之上，并不能发生胶束解散，因此一部分 PAHs 仍然会增溶至胶束中，释放率反而下降。尽管如此，调控后 AZTMA 对 PAHs 的释放率仍然非常可观，比如当表面活性剂浓度为 4mmol/L 时，有 83.87%的芘从溶液中释放出来。此外，芘、菲、苊各自具有不同的水溶性和有机相分配能力，疏水性越强，越易于被释放出来，因此 AZTMA 对 PAHs 释放能力的大小为芘>菲>苊。值得注意的是，即使 AZTMA 经过 2h 的紫外光照射，仍然会有一部分 PAHs 存在溶液中，这一方面是因为 AZTMA 与 PAHs 之间存在氢键等作用力，使得 PAHs 分子附着在表面活性剂的单体上；另一方面是因为表面活性剂单体对 PAHs 仍然具有一定的增溶效果，再加上 PAHs 本身的水溶性，所增溶的 PAHs 并不能完全释放[11,12]。

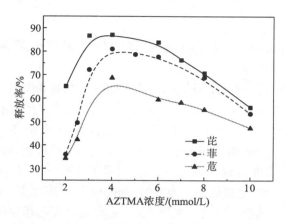

图 6-11　AZTMA 浓度对芘、菲、苊释放率的影响

6.3　混合光化学"开关"表面活性剂体系对 PAHs 增溶作用及可逆调控特性

　　光化学"开关"表面活性剂 AZTMA 具有十分优良的表面化学性质,通过光照能有效控制 AZTMA 对 PAHs 的增溶与释放,且增溶、释放率皆较高。然而,AZTMA 实际应用于有机污染土壤的 RSER 技术中仍然需要克服许多问题。从结构上看,AZTMA 属于阳离子表面活性剂,据文献报道,此类表面活性剂极易与带负电荷的土壤颗粒结合而吸附在土壤上,造成 SER 过程中淋洗液损失,从而导致修复效率降低,成本升高[13]。在以往的 SER 技术实施过程中,往往不单独使用离子型表面活性剂作为淋洗液,出于提高增溶效率、减小表面活性剂的用量、减少二次污染等考虑,一般采用非离子型表面活性剂与离子型表面活性剂形成的混合体系对污染土壤进行增溶修复。

　　非离子型表面活性剂的亲水头基是由强亲水性的有机官能团组成的,因此其在溶于水后不会因为电离作用而产生离子,进而使得非离子型表面活性剂不会通过离子交换作用而产生吸附损失。然而,在有机官能团的作用下,非离子型表面活性剂却易于通过有机相分配作用进入土壤颗粒。通常,非离子型表面活性剂淋洗液具有增溶量大、生物可利用性高、环境适应性强等特点,将阳离子表面活性剂与非离子型表面活性剂混合,可以得到更为稳定的阳-非离子型混合胶束,此混合胶束不仅具备更强的增溶能力,而且因其牢固的结构更加难以被土壤所吸附。聚氧乙烯脱水山梨醇单油酸酯(Tween80)是一类表面活性非常强的多元醇型非离子表面活性剂,广泛应用于食品、医药、纺织、化工等领域。同时,Tween80 因具有庞大的疏水内核以及极低的 CMC,对有机氯农药、PAHs、石油烃等 HOCs 均有很好的增溶效果而备受关注[14]。本章拟选用 Tween80 与光化学"开关"表面活性剂 AZTMA 形成混合胶束,并以芘、菲、苊为目标污染物,重点考察混合胶束之间的相互作用以及混合胶束是否能对 PAHs 产生协同增溶作用,旨在找出最佳阳-非离子型混合表面活性剂组分配比,为 AZTMA 应用于 SER 技术提供理论支撑。

6.3.1   AZTMA-Tween80 混合体系表面张力与临界胶束浓度

　　AZTMA-Tween80 混合体系表面张力随浓度的变化曲线如图 6-12 所示。图中，AZTMA
的初始摩尔分数分别为 0、0.2、0.3、0.4、0.5、0.8。当 AZTMA 摩尔分数为 0.2 和 0.3 时，
混合溶液表现出了比单一 Tween80 更低的表面张力，意味着阳离子表面活性剂 AZTMA
能在一定程度上改变 Tween80 的表面活性。由表面张力曲线的拐点求得 CMC，列于表 6-5
中，可以发现，混合表面活性剂体系 CMC 明显低于单一 AZTMA，且当 AZTMA：
Tween=2：8 时，其 CMC 达到最低，为 0.040mmol/L。一般而言，CMC 越低，表面活性
剂对有机物的增溶能力越强，因此可根据 CMC 推测混合表面活性剂体系更具增溶效率。
然而，当混合组分中 AZTMA 含量上升至 0.8 时，溶液的表面张力表现出明显的上升，这
或许是因为表面活性相对较低的 AZTMA 占据了绝大部分，抑制了混合胶束的形成。

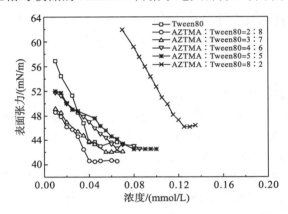

图 6-12   表面活性剂浓度对 Tween80 及 AZTMA-Tween80 混合溶液表面张力的影响

表 6-5   单一、混合表面活性剂溶液的 CMC

单一 表面活性剂	CMC/(mmol/L)	摩尔比 （AZTMA：Tween80）	CMC/(mmol/L)
反式 AZTMA	2.000	2：8	0.040
		3：7	0.045
顺式 AZTMA	5.100	4：6	0.055
		5：5	0.060
Tween80	0.040(0.027[①])	8：2	0.115

注：①文献中 Tween80 的 CMC[15]。

　　是否形成混合胶束是混合表面活性剂体系产生协同增溶作用的关键。不同类型的胶束
混合分为理想混合与非理想混合[4]。当胶束理想混合时，其 CMC 可通过下述方程表示：

$$1/C_{1,2}^* = \alpha / C_1 + (1 - \alpha) / C_2 \tag{6-6}$$

式中，$C_{1,2}^*$、C_1、C_2 分别表示 AZTMA-Tween80 混合表面活性剂、单一 AZTMA 和单一

Tween80 的 CMC，mmol/L；α 为 AZTMA 所占混合体系的摩尔分数，而 $1-\alpha$ 则代表其中非离子型表面活性剂 Tween80 的摩尔分数。

　　然而，通常情况下，由于阳-非离子型混合表面活性剂所形成的胶束具有很强的相互作用，混合溶液的实测 CMC 往往与理论值偏差较大[4]。AZTMA-Tween80 混合溶液实测与理论 CMC 如图 6-13 所示。明显地，此混合体系 CMC 随着组分中 Tween80 含量的上升而下降，并且实测 CMC 小于其理论值。由此可以判定 AZTMA 与 Tween80 胶束的混合属于非理想混合，说明这两种表面活性剂胶束之间存在着某种较强的相互作用力。

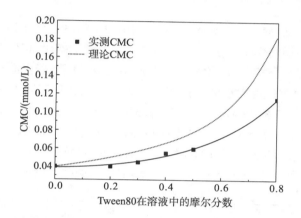

图 6-13　AZTMA-Tween80 实测与理论临界胶束浓度（CMC）

　　根据非理想混合理论，混合表面活性剂体系中两种不同胶束之间相互作用参数 β 可用下式来表示[14]：

$$X_1^2 \ln(\alpha C_{1,2} / X_1 C_1) / (1-X_1)^2 \ln[(1-\alpha)C_{1,2} / (1-X_1)C_2] = 1 \tag{6-7}$$

$$\beta = \ln(\alpha C_{1,2} / X_1 C_1) / (1-X_1^2) \tag{6-8}$$

式中，X_1 与 $1-X_1$ 分别表示 AZTMA 与 Tween80 在混合胶束中所占的摩尔分数；$C_{1,2}$ 表示当 AZTMA 所占混合溶液摩尔分数为 α 时溶液的 CMC，mmol/L；所得 β 列于表 6-6 中，β 越负，说明胶束之间相互作用越强，形成的混合胶束越稳定。

表 6-6　AZTMA-Tween80 溶液表面活性剂相互作用参数

摩尔比（AZTMA：Tween80）	α	$1-\alpha$	$C_{1,2}^{*}$/(mmol/L)	$C_{1,2}$/(mmol/L)	X_1	β
0：10	0.0	1.0		0.040		
2：8	0.2	0.8	0.050	0.040	0.135	−2.85
3：7	0.3	0.7	0.057	0.045	0.143	−2.43
4：6	0.4	0.6	0.066	0.055	0.131	−1.85
5：5	0.5	0.5	0.078	0.060	0.169	−2.10
8：2	0.8	0.2	0.185	0.115	0.269	−2.68
10：0	1.0	0.0		2.000		

由表 6-6 可知，任意配比下的表面活性剂胶束之间相互作用参数皆为负值，说明形成混合胶束所需能量降低，并且两种表面活性剂之间的引力增加、斥力减弱，混合胶束表现出比表面活性剂单体更强的热力学稳定性[16]。通常情况下，两种不同表面活性剂间的静电引力可以抑制表面活性剂在土/水系统中通过分配作用进入土壤有机相，因此可以判定混合表面活性剂比单一表面活性剂在有机污染土壤修复中有更加广阔的应用潜力。

6.3.2 AZTMA-Tween80 混合体系对 PAHs 的增溶作用

图 6-14 描述了 AZTMA 与 Tween80 在 0：10、2：8、3：7、4：6、5：5 和 8：2 摩尔比下对芘、菲、苊的增溶作用。由图 6-14 可知，混合表面活性剂对 PAHs 增溶规律总体趋势与单一表面活性剂保持一致，PAHs 在溶液中的溶解度随着表面活性剂浓度的上升而上升，且同样遵从增溶作用大小顺序为芘＞菲＞苊。在各种配比下，增溶作用大小遵循AZTMA：Tween80（2：8）＞AZTMA：Tween80（3：7）＞AZTMA：Tween80（4：6）＞AZTMA：Tween80（5：5）＞AZTMA：Tween80（0：10）＞AZTMA：Tween80（8：2），一定摩尔分数的 AZTMA 的加入可以明显增强 Tween80 的增溶能力。当 AZTMA 的摩尔分数为 0.2 时，混合表面活性剂体系对 PAHs 的增溶作用最强。例如，在 10mmol/L 的

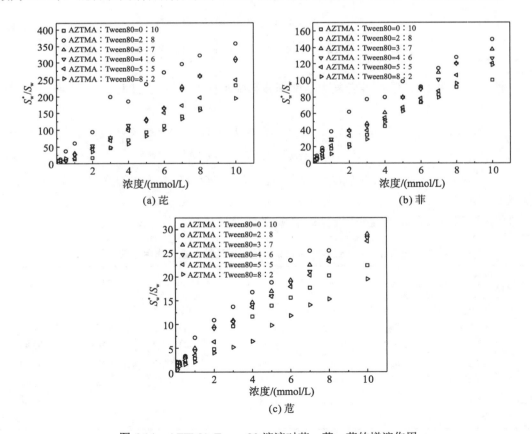

图 6-14   AZTMA-Tween80 溶液对芘、菲、苊的增溶作用

AZTMA-Tween80 混合溶液中，芘、菲、苊的表观溶解度分别比其在纯水中的溶解度增大了 358.75 倍、149.70 倍和 28.45 倍，增溶效率高于单一表面活性剂。表 6-7 列出了芘、菲、苊在混合表面活性剂溶液中的 MSR 与 K_{mc}。从表中可以看出，当 Tween80 的摩尔分数为 0.8 时，3 种 PAHs 的 MSR 均达到最大值，且各个比例下 MSR 大小顺序也与其 CMC 的大小顺序保持一致。因此，根据本实验结果可以推测，混合表面活性剂体系的最佳配比为 AZTMA：Tween80=2：8。

表 6-7　PAHs 在 AZTMA-Tween80 混合溶液中的 MSR 与 $\lg K_{mc}$

摩尔比 (AZTMA：Tween80)	芘		菲		苊	
	MSR	$\lg K_{mc}$	MSR	$\lg K_{mc}$	MSR	$\lg K_{mc}$
0：10	1.35×10^{-2}	2.81	5.34×10^{-2}	2.05	6.47×10^{-2}	1.94
2：8	2.27×10^{-2}	1.835	7.01×10^{-2}	1.573	8.03×10^{-2}	1.589
3：7	1.93×10^{-2}	2.79	6.91×10^{-2}	1.89	7.78×10^{-2}	1.75
4：6	1.90×10^{-2}	2.75	6.53×10^{-2}	1.87	7.74×10^{-2}	1.86
5：5	1.54×10^{-2}	2.66	6.05×10^{-2}	1.99	7.64×10^{-2}	1.93
8：2	1.12×10^{-2}	2.54	5.98×10^{-2}	2.59	5.26×10^{-2}	2.20

以上研究表明，AZTMA-Tween80 混合体系对 PAHs 具有良好的增溶作用，然而，AZTMA 与 Tween80 胶束之间是否能产生协同增溶作用，还有待进一步研究。为此我们考察了 AZTMA-Tween80 混合表面活性剂体系对 PAHs 的协同增溶作用，结果如表 6-8 所示，计算公式如式(4-5)所示。

表 6-8(a)　混合表面活性剂对芘的协同增溶作用

PAHs	浓度/(mmol/L)	ΔS/%				
		AZTMA： Tween80=2：8	AZTMA： Tween80=3：7	AZTMA： Tween80=4：6	AZTMA： Tween80=5：5	AZTMA： Tween80=8：2
芘	0.1	39.59	-11.27	10.05	4.61	253.79
	0.2	163.30	29.61	-48.21	29.16	178.98
	0.5	240.52	25.98	-12.45	-0.05	109.77
	1	191.49	55.98	36.28	-8.60	98.01
	2	131.59	31.06	48.00	27.99	33.10
	3	229.74	34.68	44.26	37.05	21.38
	4	131.36	40.22	59.80	49.31	11.85
	5	136.31	39.93	43.37	55.97	26.13
	6	125.64	46.81	54.52	52.74	30.13
	7	111.38	74.06	78.84	50.47	46.71
	8	101.81	73.37	84.37	49.78	53.78
	10	83.82	67.09	74.38	51.50	80.37

表 6-8(b)　混合表面活性剂对菲的协同增溶作用

PAHs	浓度/(mmol/L)	ΔS/%				
		AZTMA：Tween80=2：8	AZTMA：Tween80=3：7	AZTMA：Tween80=4：6	AZTMA：Tween80=5：5	AZTMA：Tween80=8：2
菲	0.1	-13.01	-19.76	-38.96	-56.01	-31.74
	0.2	39.94	3.34	-12.10	-29.39	-15.77
	0.5	93.31	65.95	63.30	26.63	-28.98
	1	163.14	93.11	105.70	54.98	-11.86
	2	152.95	64.55	66.01	44.66	-7.12
	3	124.34	41.46	35.83	23.08	-2.43
	4	79.37	40.70	21.89	33.50	30.41
	5	80.59	50.03	53.64	34.48	35.91
	6	42.68	43.53	45.66	31.68	35.99
	7	53.42	50.26	42.31	26.64	26.51
	8	51.81	46.60	50.00	35.89	35.10
	10	43.33	35.51	28.24	25.49	34.81

表 6-8(c)　混合表面活性剂对芘的协同增溶作用

PAHs	浓度/(mmol/L)	ΔS/%				
		AZTMA：Tween80=2：8	AZTMA：Tween80=3：7	AZTMA：Tween80=4：6	AZTMA：Tween80=5：5	AZTMA：Tween80=8：2
芘	0.1	32.50	29.61	-72.38	-9.95	-8.29
	0.2	17.81	10.33	-20.36	-8.83	-26.34
	0.5	38.61	30.37	22.98	5.82	-29.23
	1	105.93	44.55	29.45	5.13	-34.45
	2	91.13	69.93	66.34	17.66	-21.45
	3	73.37	39.74	38.83	42.30	-25.64
	4	66.11	47.57	45.72	43.65	-27.50
	5	53.01	40.92	35.55	37.99	-9.05
	6	61.82	35.71	35.44	32.04	-6.44
	7	52.55	37.48	31.93	30.08	-3.24
	8	34.98	28.81	29.71	31.54	-6.80
	10	21.96	27.32	26.56	26.37	-3.54

　　从表 6-8 可以看出，混合表面活性剂体系的协同增溶作用与其组分所占比例以及溶液浓度密切相关。对于同一种 PAHs，在同一浓度条件下，相比其他摩尔比体系，AZTMA：Tween80（2：8）混合体系具有最高的协同增溶作用。从表中还可以看出，此协同增溶作用大小并不随表面活性剂溶液浓度的升高而增大，在一定浓度范围内（0.5～1.0mmol/L），ΔS可以达到最大值，然而在这之后，ΔS 大体上反而随着浓度的增加而减小。混合表面活性剂之所以会产生协同增溶作用是因为：①混合体系中的非离子型表面活性剂能降低带正电

荷的阳离子表面活性剂分子间的静电斥力,表面活性剂单体更易形成胶束,且此胶束疏水内核活性增强,增溶量提高;②非离子型表面活性剂的亲水头基一般由有机官能团组成,其存在增强了胶束体系的有机相分配作用,使得难溶有机物更易于分配进入胶束[10]。

6.3.3　AZTMA-Tween80 混合体系可逆调控特性

上述结果已经证实光化学"开关"表面活性剂 AZTMA 中的偶氮苯基团能受光照影响发生顺反异构反应,从而实现对其胶束形成与解散的可逆控制,基于此,设想在 AZTMA 的基础上构建具备光化学可逆特性的阳-非离子型混合胶束体系。在此体系中,由于 AZTMA 胶束的解散可以带动非离子型表面活性剂组分胶束的解散,AZTMA 光化学行为是该体系的关键。图 6-15 描述了 AZTMA-Tween80 混合溶液中 AZTMA 的光化学可逆行为。

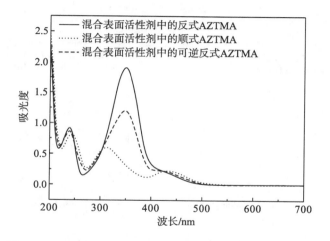

图 6-15　光照调控后混合表面活性剂中 AZTMA 吸收光谱图

如图 6-15 所示,Tween80 存在下 AZTMA 的吸收光谱图同其在水溶液中的吸收光谱图一样,混合溶液中摩尔分数为 0.2 的 AZTMA 经过 365nm 紫外光照射后,其特征吸收波峰从 350nm 红移至 440nm,再经过可见光照射,此特征吸收波峰又于 350nm 处重新出现,说明当 AZTMA 与 Tween80 形成混合胶束后,混合胶束中的 AZTMA 组分仍然能在光照下发生可逆的顺反异构反应,这为光照驱使整个混合胶束解散提供了可能。同样,因为能量壁垒作用的存在,此可逆反应并不能在可见光照射后使 AZTMA 完全恢复为其反式结构。

基于以上结论可以推测,原 AZTMA-Tween80 混合表面活性剂溶液的表面活性也将受到光照的影响。图 6-16 为 AZTMA-Tween80 混合溶液光照前后对芘、菲、苊增溶能力的变化,其中 AZTMA-Tween80 浓度为 0～10mmol/L,组分摩尔比为 AZTMA:Tween80=2:8。如图,紫外光照前的混合表面活性剂溶液增溶效果明显高于紫外光照后,增溶能力的差异证明了光照能确切影响 AZTMA-Tween80 混合体系的表面活性,并且能有效控制溶液对 PAHs 的增溶与释放。混合表面活性剂溶液在光照前比光照后更具增溶能力可能是因为：①紫外光照后 AZTMA 胶束解散，AZTMA 组分增溶能力下降；②AZTMA 胶束解散导致 Tween80 胶束解散，溶液整体增溶能力降低[17]。

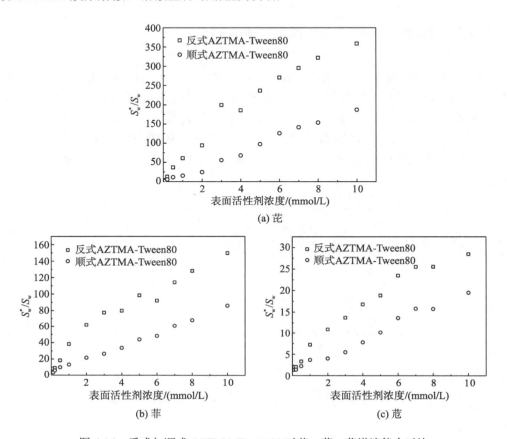

图 6-16　反式与顺式 AZTMA-Tween80 对芘、菲、苊增溶能力对比

　　为探明阳-非离子型混合表面活性剂体系光照前后增溶能力降低的具体原因，调控 AZTMA 分子在其活性态和非活性态间切换以研究 PAHs 的释放过程，所得结果经式(4-5)计算得出 AZTMA-Tween80 对 PAHs 的累积释放率。如图 6-17 所示，已达增溶平衡的 AZTMA-Tween80 混合溶液在经过 2h 365nm 紫外光照射后，PAHs 的确可从混合胶束中释放出来。当溶液浓度较低时，PAHs 释放率随着浓度的上升逐渐增加；然而当其浓度超过一定范围时(2～4mmol/L)，释放率反而随着溶液浓度的上升而下降，此现象与单一 AZTMA 水溶液对 PAHs 的释放保持一致。混合表面活性剂溶液对芘、菲、苊的释放率最高分别可达 78.7%、72.6%、63.2%，并且由于此 3 种 PAHs 分别具有不同的水溶性和辛醇/水分配系数，释放率的大小顺序为芘＞菲＞苊。然而，由于常规非离子型表面活性剂 Tween80 的存在，2h 的紫外光照并不能使 PAHs 完全释放出来。通过计算可以发现，当混合溶液浓度为 3mmol/L 时，苊的释放量为 35.13mg/L，远远高于相同浓度下单一 AZTMA 溶液对苊的增溶量(7.16mg/L)，由此可以说明不仅仅是 AZTMA 对 PAHs 进行了释放，同

时还有一部分增溶在 Tween80 胶束中的 PAHs 被释放。通过此现象可以断定，经光照调控后，AZTMA 胶束的解散导致了整个混合胶束的解散，同时，呈分散状态的 AZTMA 单体间的静电斥力抑制了 Tween80 胶束的形成。

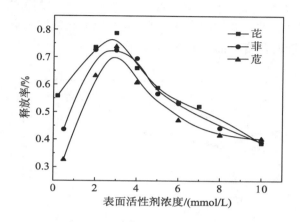

图 6-17　AZTMA-Tween80 对芘、菲、苊的释放率

6.4　AZTMA 及其混合体系在土壤上的吸附

　　表面活性剂在土壤上的吸附能力是 SER 技术需要考察的另一个关键因素。SER 技术实施需要经历以下四个步骤：①将含有表面活性剂的淋洗液注入土层；②淋洗液流经土壤，在表面活性剂胶束的作用下对有机污染物进行增溶洗脱，修复受污染土壤；③将混有有机污染物的淋洗液抽出土层进行处理，并采取相应手段使得污染物与淋洗液分离，尽可能使表面活性剂能循环使用；④对修复完成区域进行冲洗，降低残留表面活性剂所带来的环境风险[18]。其中，本章所研究的光化学"开关"表面活性剂 AZTMA 已经具备良好的增溶能力以及循环再生能力，然而，其实际运用仍然受到土壤环境条件限制。无论采用原位还是异位方法对有机物污染土壤进行修复，都无可避免地要通过表面活性剂淋洗液将污染物从土壤颗粒中解吸出来，表面活性剂始终会与土壤接触。已有研究表明，土壤颗粒普遍带负电荷，而 AZTMA 属于阳离子表面活性剂，因此 AZTMA 很容易通过离子交换作用吸附至土壤从而造成表面活性剂淋洗液的损失，降低 SER 技术修复效率，导致成本过高[19]；同时环境中表面活性剂的残留还将会造成二次污染。探明 AZTMA 与土壤之间的相互作用，能为 AZTMA 实际应用优化方案的制定提供相应参考。此外，作为一种新型的化学物质投加至环境中，AZTMA 在土壤界面上的吸附性能与环境影响也应受到重视。

　　膨润土是一种以蒙脱石为主体成分的黏土矿物，在我国分布广泛[20]。由于蒙脱石的特殊结构，其具有吸附极性有机分子和阳离子的能力，本节以膨润土为典型土壤代表，考察 AZTMA 在土壤上的吸附行为及影响因素，并研究 AZTMA 及其混合体系与土壤间的界面化学行为，以期找出减少 AZTMA 吸附量的有效途径。

6.4.1　AZTMA 在膨润土上的吸附动力学分析

实际应用中，由于 AZTMA 与土壤接触时正是 AZTMA 发挥增溶作用时，本节所研究 AZTMA 均为其活性态的反式结构。35℃下，AZTMA 和常规阳离子表面活性剂 CTAB 在膨润土上的吸附量随时间变化曲线如图 6-18 所示。

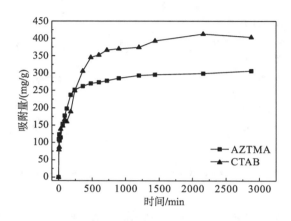

图 6-18　表面活性剂在膨润土上的吸附动力学曲线

从图 6-18 可以看出，膨润土对阳离子表面活性剂具有较强的吸附能力，并且表面活性剂达到吸附平衡的速度很快。AZTMA 吸附量的迅速上升主要集中在最初 240 min 以内，之后随着振荡时间的延长，AZTMA 吸附量趋于平缓并达到平衡，说明随着吸附的进行，溶液中 AZTMA 减少，分子扩散速率降低。另外，阳离子表面活性剂 AZTMA 在膨润土上的吸附属于离子交换吸附，由于表面活性剂胶束不能直接吸附在相同胶束上，当膨润土表面对 AZTMA 进行单层吸附时，有效吸附位点减少，吸附量不再增加。反应进行至 1200min，此时 AZTMA 与 CTAB 的吸附量分别为 293.07mg/g 和 374.16mg/g，通过对比发现，AZTMA 在膨润土上的吸附量明显低于 CTAB，即 AZTMA 在强离子交换土壤中的损失较 CTAB 更小，说明 AZTMA 比 CTAB 在土壤修复中更具优势。

表面活性剂在土壤上的吸附历程一般可通过准一级或准二级动力学方程[21]进行拟合，前者表示吸附过程主要受扩散步骤控制，而后者则说明吸附过程中存在电子共用或转移，相关表达式如式(6-9)～式(6-12)所示。

准一级动力学方程为

$$\mathrm{d}Q_t / \mathrm{d}t = k_1(Q_e - Q_t) \tag{6-9}$$

线性表示为

$$\ln(Q_e - Q_t) = \ln Q_e - k_1 t \tag{6-10}$$

准二级动力学方程为

$$\mathrm{d}Q_t / \mathrm{d}t = k_2(Q_e - Q_t)^2 \tag{6-11}$$

线性表示为

$$t / Q_t = t / Q_e + 1 / k_2 Q_e^2 \qquad\qquad (6\text{-}12)$$

式中，Q_t、Q_e 分别为 t 时刻以及吸附平衡时表面活性剂的吸附量，mg/g；k_1、k_2 分别为准一级、准二级动力学方程反应速率常数，单位分别为 min^{-1} 与 $\text{g}/(\text{mg}\cdot\text{min})$。对图 6-18 中 AZTMA 与 CTAB 吸附数据分别进行动力学拟合，拟合图如图 6-19 所示，结果列于表 6-9 中。

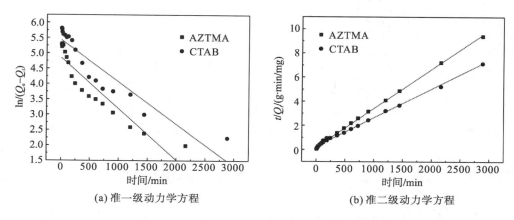

(a) 准一级动力学方程　　　　　　　　　(b) 准二级动力学方程

图 6-19　AZTMA 与 CTAB 在膨润土上的吸附动力学拟合

从图 6-19 和表 6-9 可以看出，膨润土对阳离子表面活性剂的吸附更加符合准二级动力学方程，验证了此吸附过程主要由离子交换作用控制，且膨润土存在饱和吸附位点。表中 AZTMA 与 CTAB 的反应速率常数 k_2 分别为 $5.99\times10^{-5}\text{g}/(\text{mg}\cdot\text{min})$ 与 $2.11\times10^{-5}\text{g}/(\text{mg}\cdot\text{min})$，结合图 6-18 可知，AZTMA 在膨润土上的吸附速率较快，更易于达到吸附平衡。此外，通过 Q_e 的对比也能发现 CTAB 的平衡吸附量明显高于 AZTMA，这与实验结果相一致。

表 6-9　AZTMA 和 CTAB 在膨润土上不同吸附动力学拟合参数

表面活性剂	准一级吸附速率方程			准二级吸附速率方程		
	Q_e/(mg/g)	k_1/min^{-1}	R^2	Q_e/(mg/g)	k_2/[g/(mg·min)]	R^2
AZTMA	128.02	0.0017	0.8603	308.64	5.99×10^{-5}	0.9993
CTAB	227.94	0.0014	0.8546	421.94	2.11×10^{-5}	0.9952

6.4.2　AZTMA 在膨润土上的吸附热力学分析

图 6-20 为 35℃下 AZTMA 与 CTAB 在膨润土上的吸附等温线对比。如图所示，由于 AZTMA 与 CTAB 皆属于阳离子表面活性剂，二者呈现出相似的吸附变化规律。当溶液浓度低于其 CMC 时，表面活性剂以单体分子存在，并开始优先占据在膨润土的活性位点上，此时，表面活性剂吸附量随着浓度的上升急剧增加。表面活性剂浓度继续升高且高于 CMC 时，表面活性剂开始聚集形成胶束，然而，由于膨润土上吸附位点已被完全占据，表面活性剂分子很难再吸附至膨润土上，因此吸附量趋于稳定。从图中还可以看出，当表面活性剂达到吸附平衡时，其平衡浓度接近溶液 CMC，说明膨润土对阳离子表面活性剂的吸附

属于单层吸附,溶液中过剩的表面活性剂分子并不能通过吸附在胶束上从而间接被膨润土所吸附。

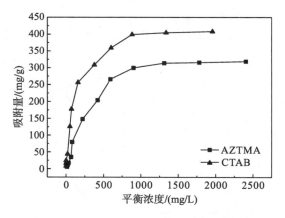

图 6-20　AZTMA 和 CTAB 在膨润土上的吸附等温线

　　图 6-20 中,在实验设计浓度范围内,AZTMA 与 CTAB 的平衡吸附量分别为 318.86mg/g 和 408.43mg/g,可见 CTAB 饱和吸附量远远大于 AZTMA。Krishnan 等[22]研究发现,在温度一定的情况下,表面活性剂疏水碳链越长,越易形成聚集体,且此聚集体与膨润土有很强的亲和力,从而导致吸附量增大。从结构上看,拥有 16 个烷基的 CTAB 相较 AZTMA 的疏水碳链更长,因此 CTAB 表现出更高的膨润土吸附量。经过换算可得二者吸附量均高于膨润土阳离子交换容量(CEC),虽然离子交换作用在阳离子表面活性剂的吸附上起主导作用,但是除此之外还存在其他作用机理。例如,表面活性剂分子可通过其疏水碳链的相互作用产生缔合,这会使得更多的表面活性剂吸附于界面上,导致其吸附量略高于土壤颗粒的 CEC。

　　此外,对不同温度下 AZTMA 吸附量随平衡浓度的变化进行研究,结果如图 6-21 所示。当温度分别为 25℃、35℃、45℃时,膨润土对 AZTMA 的饱和吸附量分别为 299.85mg/g、318.86mg/g、470.40mg/g,结合图中吸附等温线走向可以发现,随着温度的升高,AZTMA 的吸附量呈现上升趋势。

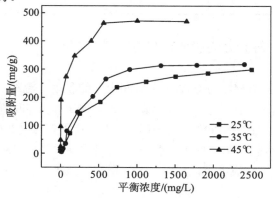

图 6-21　AZTMA 在膨润土上的吸附等温线

　　根据所得数据，通过式(6-13)和式(6-14)对 AZTMA 吸附等温线分别进行 Langmuir 和 Freundlich 模型拟合，所得结果如表 6-10 所示。

表 6-10　AZTMA 在膨润土上的等温吸附方程参数

温度/K	Langmuir 方程			Freundlich 方程		
	k_1/(mg/g)	k_2	R^2	K_f/(L/kg)	$1/n$	R^2
298 (25℃)	359.13	0.0023	0.998	10.126	0.447	0.951
308 (35℃)	381.38	0.0029	0.988	13.443	0.428	0.872
318 (45℃)	413.47	0.2614	0.922	99.716	0.224	0.830

　　Langmuir 方程为

$$C_e / Q = C_e / k_1 + 1 / k_1 k_2 \qquad (6\text{-}13)$$

　　Freundlich 方程为

$$\ln Q = \ln K_f + 1/n \ln C_e \qquad (6\text{-}14)$$

式中，C_e 为表面活性剂溶液吸附平衡时的浓度，mg/L；Q 为表面活性剂在膨润土上的吸附量，mg/g。在 Langmuir 方程中，k_1 为表面活性剂的饱和吸附量，mg/g；k_2 表示吸附能指数；在 Freundlich 方程中，K_f 为单层吸附量，L/kg；$1/n$ 为吸附常数。相关拟合如图 6-22 所示。

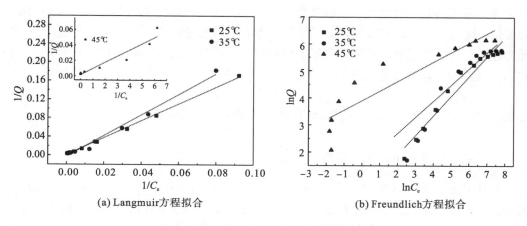

(a) Langmuir方程拟合　　　　　　(b) Freundlich方程拟合

图 6-22　AZTMA 在膨润土上吸附的拟合

　　图 6-22 中，AZTMA 在膨润土上的吸附通过 Langmuir 方程拟合能获得比 Freundlich 方程拟合更好的相关性，由此验证在实验设置浓度范围内，膨润土对 AZTMA 的吸附属于单层吸附，且随着吸附的进行，吸附态 AZTMA 可通过溶液分子热运动的影响进行脱附，从而重新回到水相中，当吸附达到平衡时，其吸附速率等于脱附速率。此外如表 6-10 所示，根据 Langmuir 方程的 k_1、k_2 和 Freundlich 方程的 $1/n$ 也可以发现，此吸附作用是一个吸热的过程，温度升高有利于吸附反应的进行。

　　根据以上吸附实验数据以及拟合参数，可对 AZTMA 在膨润土上吸附热力学性质进行研究。吸附过程相关热力学参数标准摩尔焓变（$\Delta H^{\ominus}$）、熵变（$\Delta S^{\ominus}$）和吉布斯自由能变（$\Delta G^{\ominus}$）可由式(6-15)～式(6-17)来表示[23]。

$$K_{c} = Q_{e} / C_{e} \tag{6-15}$$

$$\Delta G^{\ominus} = -RT \ln K_{c} \tag{6-16}$$

$$\ln K_{c} = \Delta S^{\ominus} / R - \Delta H^{\ominus} / RT \tag{6-17}$$

式中，R 为理想气体常数，其值为 8.314J/(mol·K)；T 表示反应温度，K；Q_{e}、C_{e} 分别表示表面活性剂的平衡吸附量(mg/g)与平衡浓度(mg/L)；K_{c} 是由 Q_{e}/C_{e} 决定的标准热力学常数，L/kg。

以 $\ln K_{c}$ 为纵坐标、$1/T$ 为横坐标作图，所得直线斜率即为 $-\Delta H^{\ominus}/R$，截距为 $\Delta S^{\ominus}/R$。所得结果列于表 6-11。

表 6-11　AZTMA 在膨润土上的吸附热力学参数

温度/K	K_{c}/(L/kg)	$\Delta H_{m}^{\ominus}$/(kJ/mol)	$\Delta S_{m}^{\ominus}$/[J/(mol·K)]	$\Delta G_{m}^{\ominus}$/(kJ/mol)
298 (25℃)	191.53	—	—	−13.20
308 (35℃)	202.98	15.71	95.99	−13.60
318 (45℃)	286.37	—	—	−14.96

由表 6-11 可见，在 AZTMA 吸附到膨润土的过程中，$\Delta H^{\ominus}$ 值为正，说明在 25～45℃ 范围内此吸附过程为吸热反应，这与图 6-21 中所示结果一致。在各个温度下，其 $\Delta G^{\ominus}$ 均为负值，说明膨润土对阳离子表面活性剂的吸附是自发进行的，$\Delta G^{\ominus}$ 绝对值越大，吸附推动力越强；$\Delta S^{\ominus}$ 为正值，这揭示了随着吸附反应的进行，AZTMA 分子的无序性的降低，游离的 AZTMA 单体逐渐被膨润土表面和层间所吸附，且主要为阳离子交换吸附。

6.4.3　土壤共存组分对 AZTMA 吸附的影响

1) 阳离子组分对 AZTMA 吸附的影响

众所周知，土壤环境是一个复杂而分散的多相物质系统，由于土壤液相(土壤水分)的存在，其所含矿物质中的无机盐将会有一部分溶于水并呈现出离子态。一般情况下，土壤中的共存离子会对其吸附性能造成影响，因此在 SER 技术实施过程中共存离子对表面活性剂淋洗液损失的影响也应纳入考虑范畴。本节考察土壤中普遍存在的阳离子 Na^{+}、K^{+} 以及 Mg^{2+} 对膨润土吸附 AZTMA 的影响，实验结果如图 6-23 所示。与空白实验对照可以发现，阳离子的加入在一定程度上降低了 AZTMA 的吸附量，并延长了达到吸附平衡所用时间，对 AZTMA 吸附产生了抑制作用。实验温度恒定为 35℃，在此条件下，阳离子对吸附抑制作用大小顺序为 $Mg^{2+} > K^{+} > Na^{+}$，由于已证实膨润土对 AZTMA 的吸附属于离子交换吸附，可以推测共存阳离子所带电荷越大，其离子交换作用越强，从而对 AZTMA 吸附的抑制作用越强。另外 K^{+} 的水合离子半径为 0.232nm，略小于 Na^{+} 的水合离子半径 (0.276nm)。半径越小，越易于吸附至膨润土表面，产生更强的竞争吸附作用，因此 Na^{+}

相较 K⁺对 AZTMA 在膨润土上吸附的抑制作用略低。由实验结果可知，对于 SER 技术来说，土壤中共存阳离子能有效减少表面活性剂淋洗液在修复过程中的损失，这对减少 SER 技术成本消耗具有积极的影响。

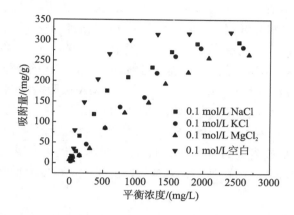

图 6-23　阳离子类型对 AZTMA 吸附的影响

土壤中共存阳离子与 AZTMA 会产生吸附竞争作用，对于同一种阳离子来说，其存在浓度的高低也将会对 AZTMA 的吸附产生影响。不同 Na⁺强度对 AZTMA 在膨润土上的吸附影响如图 6-24 所示，当 AZTMA 溶液初始浓度为 4000mg/L、NaCl 浓度为 0.1mol/L 和 0.5mol/L 时，吸附量由空白的 318.86mg/g 分别下降至 294.16mg/g 和 244.92mg/g。可见，随着表面活性剂溶液中离子浓度的升高，其吸附量同样呈现下降趋势。膨润土具有良好的分散性以及强大的层间阳离子可交换性，当溶液中 Na⁺浓度增大时，其与 AZTMA 之间竞争吸附加剧，占据了原本由 AZTMA 与膨润土表面接触的活性吸附位点，导致 AZTMA 吸附量显著下降。

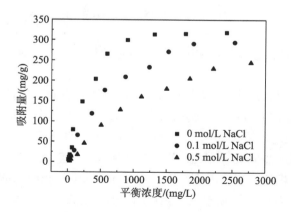

图 6-24　离子强度对 AZTMA 吸附的影响

2) 土壤有机质对 AZTMA 吸附的影响

除矿物质及其他无机组分外，土壤有机质也是土壤的重要组成部分。研究表明，由于表面活性剂疏水碳链的存在，土壤颗粒同样可以通过分配作用对表面活性剂进行吸附[24]，因此，在有机污染土壤修复过程中，实际土壤中有机质的含量对表面活性剂淋洗液造成的影响同样不可忽视。研究所用膨润土的有机质含量为 0.26%，是一类有机组分含量较低的黏土矿物，为模拟实际土壤环境，本节选用自然界中普遍存在的腐殖酸（humic acid，HA）为影响因素，考察膨润土-水环境中 HA 浓度对 AZTMA 吸附的影响。实验结果如图 6-25 所示，在 35℃下，保持 AZTMA 的初始浓度为 1440mg/L 不变，当膨润土中 HA 含量为 50mg/g 时，AZTMA 的吸附量为 189.15mg/g，相较其空白吸附量 176.26mg/g 略有提高。并且，随着土壤中有机质含量的升高，AZTMA 的吸附量也相应增大。这是因为 HA 中所含的有机组分，如醇羟基、酚羟基、甲氧基等，能在一定程度上增强其络合、离子交换、吸附等能力。

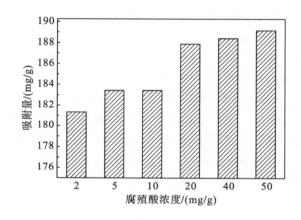

图 6-25　土壤有机质对 AZTMA 吸附的影响

6.4.4　混合表面活性剂体系在膨润土上的吸附

综上所述，虽然 AZTMA 表现出了相较常规阳离子表面活性剂 CTAB 更低的土壤吸附能力，但是 AZTMA 的实际应用仍然需要克服其在土壤上吸附损失相对较高的缺陷。据 Zhang 等[25]的研究报道，采用非离子型表面活性剂与阳离子表面活性剂形成的阳-非离子型混合胶束，能有效减少阳离子表面活性剂的吸附损失。然而，非离子型表面活性剂也会通过各种途径，如有机相分配作用而吸附至土壤颗粒上。呈吸附态的非离子型表面活性剂同时还能加强土壤中有机污染物与土壤颗粒的结合，造成更为严重的环境污染，那么随着胶束的混合是否能减少混合表面活性剂体系总体的吸附量已成为研究的关键。

6.3 节结果表明，AZTMA 胶束与常规非离子型表面活性剂 Tween80 胶束之间存在着强烈的相互作用，二者能形成更为稳定的胶束，并且在增大 AZTMA 增溶能力的同时具备良好的光化学可逆特性。因此本节同样在 Tween80 的基础上对 AZTMA-Tween80 混合体系的吸附行为进行研究,拟解决 AZTMA 作为阳离子表面活性剂在土壤中吸附量大这一关键问题。

1)Tween80 对 AZTMA 在膨润土上吸附的影响

Tween80 的加入对 AZTMA 在膨润土上吸附的影响如图 6-26 所示。图中,溶液中 AZTMA 的初始浓度不变,Tween80 的添加量分别为 523.6mg/L、1047.2mg/L、2618.0mg/L,分别对应 Tween80 实测 CMC 的 10 倍、20 倍和 50 倍。可以看出,Tween80 对 AZTMA 的吸附也有一定的抑制作用,AZTMA 的吸附量随着溶液中 Tween80 组分所占比例的增加而减少。表面活性剂在膨润土上的吸附始于表面吸附,当膨润土表面活性吸附位点被占据后,表面活性剂分子开始向层间扩散。所加入的非离子型表面活性剂 Tween80 可通过氢键作用与膨润土结合,同样,当表面 Tween80 到达饱和时,过剩的 Tween80 分子进入膨润土阳离子交换层间,此时由于 Tween80 分子结构中相当长的聚氧乙烯链所产生的空间位垒效应[19],其将会对层间的阳离子交换位点产生屏蔽作用。此外,AZTMA 与 Tween80 能通过非理想混合形成更为稳定的混合胶束,然而膨润土并不能对胶束直接吸附。基于以上两点原因, AZTMA 在膨润土上的吸附量减少。

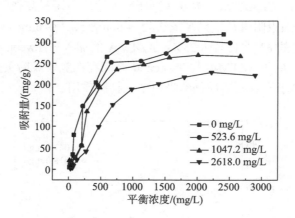

图 6-26　Tween80 对 AZTMA 在膨润土上吸附的影响

同样,对 Tween80 存在条件下 AZTMA 在膨润土上的吸附进行热力学方程拟合,拟合结果如表 6-12 所示。表中,采用 Langmuir 方程拟合所得相关系数均在 0.9 以上,因此在 Tween80 存在下,AZTMA 的吸附仍然符合 Langmuir 方程,说明 Tween80 的加入并未改变 AZTMA 的吸附机理,AZTMA 在膨润土上仍属于离子交换单层吸附。根据饱和吸附量 k_1 的变化可以看出,当 Tween80 浓度较低时,其对 AZTMA 吸附的抑制作用并不明显,523.6mg/L(10 CMC)的 Tween80 共存时, AZTMA 饱和吸附量为 382.474mg/g,相较单一 AZTMA 吸附时并无明显变化。但当浓度升高至 1047.2mg/L(20 CMC)以及 2618.0mg/L(50 CMC)时,AZTMA 吸附量明显降低,这说明需要过量的 Tween80 分子进入膨润土层间才能对 AZTMA 的吸附产生抑制作用。

表 6-12　Tween80 存在下 AZTMA 在膨润土上的等温吸附方程参数

Tween80 浓度 /(mg/L)	Langmuir 方程			Freundlich 方程		
	k_1/(mg/g)	k_2	R^2	K_f/(L/kg)	$1/n$	R^2
0	381.379	0.0029	0.986	13.443	0.428	0.907
523.6	382.474	0.0019	0.949	7.870	0.484	0.881
1047.2	347.789	0.0019	0.956	8.404	0.461	0.881
2618.0	330.900	0.0010	0.964	3.164	0.556	0.910

2）AZTMA 浓度对 Tween80 吸附的影响

作为混合表面活性剂中发挥增溶作用的重要组分，Tween80 在土壤上的吸附损失也应得到考虑。图 6-27 表示 Tween80 吸附量随 AZTMA 初始浓度变化示意图。当溶液中不含 AZTMA 时，523.6mg/L、1047.2mg/L、2618.0mg/L 的单一 Tween80 的吸附量分别为 75.12mg/g、148.14mg/g、260.50mg/g。之后，Tween80 的吸附量开始随 AZTMA 浓度的上升而线性下降，这是因为膨润土表面通过离子交换与静电作用对 AZTMA 进行吸附，原本附于表面的 Tween80 被 AZTMA 所取代。从图中斜率可以看出，初始浓度越高，Tween80 解吸率也越高。例如，当 AZTMA 浓度达到所研究浓度范围最高值 4000mg/L 时，3 种初始浓度下 Tween80 的吸附量从低到高依次为 4.88mg/g、18.16mg/g、64.50mg/g，分别为 Tween80 单一吸附量的 6%、12% 和 25%，AZTMA 的加入与 Tween80 形成了稳定且不易被吸附的混合胶束，并且 AZTMA 与 Tween80 之间存在竞争吸附关系，可见阳离子表面活性剂同样能对非离子型表面活性剂的吸附产生抑制作用。

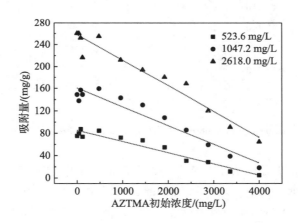

图 6-27　AZTMA 浓度对 Tween80 吸附的影响

3）AZTMA-Tween80 混合体系在膨润土上的吸附

综合以上结果可知，AZTMA 与 Tween80 相互之间均能产生吸附抑制作用，那么混合表面活性剂在膨润土上总体的吸附量或许会得到减少。如图 6-28 所示，图中对 AZTMA-Tween80 混合表面活性剂体系的实际吸附量与理论吸附量进行了对比。以组分中含有 2618.0mg/L（50 CMC）Tween80 为例，其总体吸附量约为 285.27mg/g。然而，此条件下单一 AZTMA 与 Tween80 的吸附量分别 318.86mg/g 和 260.50mg/g，理论上总吸附量为 579.36mg/g。因此，明显地，混合体系实际总体吸附量远远低于二者表面活性剂组分理论吸附量之和。不仅如此，从图 6-28 中还可以发现，AZTMA-Tween80 混合表面活性剂体系总体吸附量甚至低于单一 AZTMA 溶液的吸附量，这是因为吸附能力较低的非离子型表面活性剂 Tween80 占据了 AZTMA 的吸附位点，并且通过空间位垒效应阻止了更多的 AZTMA 与 Tween80 吸附至膨润土上。结果表明非离子型表面活性剂的加入有效地降低了 AZTMA 在土壤上的吸附损失，并且同时降低了整个混合体系的总体吸附量，很好地解决了 AZTMA 在土壤上吸附量高这一难题。

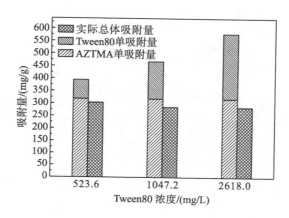

图 6-28　AZTMA-Tween80 混合体系理论与实际吸附量

6.4.5　AZTMA 在膨润土上的吸附及插层机理

膨润土因其特殊的结构和性质，不仅能作为很好的模拟对象以研究特定物质在土壤上的吸附行为，同时也是一种性能良好的环境材料，可广泛应用于废水、废气处理等行业[26]。当膨润土中的蒙脱石吸附表面活性剂后，可与表面活性剂的疏水碳链形成可交换的有机相并排列于层间，使得阳离子交换层间距增大，吸附能力增强，从而获得更好的处理效果[27]。前期研究结果已证明 AZTMA 以及 AZTMA 与 Tween80 形成的混合体系能够吸附在膨润土上，因此本节通过对吸附态 AZTMA 排列模式的考察进一步探明 AZTMA 与膨润土间的界面化学行为。

膨润土中主要成分为蒙脱石，蒙脱石主要由两层硅氧四面体夹心一层铝氧八面体组成，其晶体结构简式为 $M_x(H_2O)_n\{(Al_{2-x}Mg_x)[(SiAl)_4O_{10}](OH)_2\}$，由于本章所采用膨润土为钙基膨润土，其中层间可交换阳离子 M 主要为 Ca^{2+}。通常情况下，蒙脱石八面体中异价阳离子发生取代作用，将会导致其中电荷不平衡，此时就需要层间 Ca^{2+} 来补偿，而层间的 Ca^{2+} 一般以水化状态出现，因此膨润土底面层间距 d_{001} 的大小能在一定程度上反应表面活性剂的负载情况。

通过 X 射线衍射方法并根据布拉格方程 $2d\sin\theta=n\lambda$[28]可计算出改性前后蒙脱石底面层间距 d_{001}，所得衍射图谱如图 6-29 所示，d_{001} 计算结果列于表 6-13。在未负载表面活性剂时，原蒙脱石衍射主峰所对应的底面层间距 d_{001} 为 1.55 nm，随着 AZTMA 在膨润土上吸附量的增加，其层间距呈阶梯式扩大。如表 6-13 所示，当 AZTMA 初始浓度为 272.2～1108.8mg/L 时，其 d_{001} 相较原土有所提高，但是在此范围内，不同初始浓度的表面活性剂对蒙脱石底面层间距变化的影响并不大。然而，当 AZTMA 浓度达到膨润土 CEC（1386.0mg/L）以后，其底面层间距 d_{001} 显著上升。

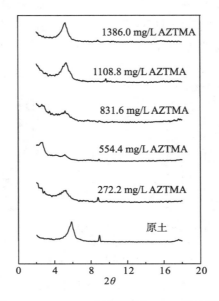

图 6-29   AZTMA 改性膨润土 XRD 衍射图谱

表 6-13   不同 AZTMA 初始浓度下的膨润土 d_{001}

	AZTMA 初始浓度/(mg/L)					
	原土	272.2	554.4	831.6	1108.8	1386.0
d_{001}/nm	1.55	1.70	1.67	1.69	1.71	2.15

针对上述现象，Zhu 等[29]发现季铵盐类阳离子表面活性剂在改性膨润土时，依据负载量的不同，表面活性剂烷基链形成的有机相呈现出不同的排列模式，通常包括平铺单层、平铺双层、假三层以及倾斜单层和倾斜双层等。以密度泛函理论[30]为基础，采用 B3LYP/6-31G 计算方法对 AZTMA 分子构型进行优化，所得结构如图 6-30 所示，反式 AZTMA 分子长 2.040nm、宽 1.005nm，其偶氮苯结构中 C—N=N—C 二面角为 119.95°。因此，结合 AZTMA 分子构型尺寸，并扣除蒙脱石中 0.96nm 的层状硅酸盐厚度，得出当 AZTMA 初始浓度为 272.2mg/L、554.4mg/L、831.6mg/L、1108.8mg/L 时，蒙脱石阳离子交换层间间距分别为 0.74nm、0.71nm、0.73nm、0.74nm，由此可以断定 AZTMA 只能以平铺单层的形式排列于层间，且其亲水头基的甲基部分嵌入至蒙脱石的无机组分间隙中。而当 AZTMA 初始浓度提高至 1386.0mg/L 后，蒙脱石 d_{001}=2.15nm，说明浓度升高后，AZTMA 的排列模式转换为平铺双层。

图 6-30　AZTMA 空间结构图(后附彩图)

　　同理,AZTMA-Tween80 混合溶液的吸附同样会对膨润土中蒙脱底面石层间距造成影响。如图 6-31 和表 6-14 所示,在 AZTMA 初始浓度恒定为 831.6mg/L 时,Tween80 浓度变化所造成的影响各不相同,大体趋势为蒙脱石底面层间距随着 Tween80 浓度的增大而增大。

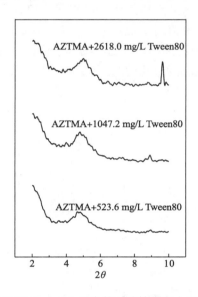

图 6-31　AZTMA-Tween80 混合体系改性膨润土 XRD 衍射图谱

表 6-14　不同 Tween80 初始浓度下的 AZTMA-Tween80 混合体系改性膨润土 d_{001}[①]

	AZTMA-Tween80 混合溶液中 Tween80 初始浓度/(mg/L)		
	523.6	1047.2	2618.0
d_{001}/nm	1.77	1.84	1.90

注：①溶液中 AZTMA 浓度恒定为 831.6 mg/L。

　　对比发现,当 AZTMA-Tween80 混合溶液中 Tween80 浓度较低时,其增大蒙脱石底面层间距的作用并不明显,例如 523.6mg/L 的 Tween80 仅仅使原 AZTMA 改性膨润土中蒙脱石底面层间距增加了 0.08nm。然而,当混合体系中 Tween80 初始浓度提升至 1047.2mg/L 和 2618.0mg/L 时,蒙脱石底面层间距分别可扩大至 1.84nm 以及 1.90nm,这意味着一定浓度非离子型表面活性剂的加入能显著影响阳离子表面活性剂的负载。

6.5　AZTMA 及其混合体系对 PAHs 污染土壤的增溶洗脱

　　研究证实新型"开关"表面活性剂 AZTMA 具备良好的光化学可逆特性，并对 PAHs 有很强的增溶作用，与 Tween80 形成混合胶束不仅增强了其增溶能力，同时也降低了其在土壤上的吸附损失，可见 AZTMA 在有机污染土壤修复中拥有广阔的应用前景。为了进一步考察 AZTMA 及 AZTMA-Tween80 混合体系对实际 PAHs 污染土壤的增溶洗脱作用，本节同样选用芘、菲、苊为目标污染物，分析真实土壤环境对表面活性剂洗脱修复效率的影响，探讨 AZTMA 的实际可重复利用次数，进而找出 AZTMA 应用在 RSER 技术上的最佳优化条件。

　　AZTMA 增溶洗脱 PAHs 污染土壤具体思路如图 6-32 所示。首先，使用活性态 AZTMA 溶液将污染土壤中的 PAHs 洗脱出来；然后将含有 PAHs 的 AZTMA 溶液经过光化学反应器，待 AZTMA 失去活性，采用离心、过滤等物理手段，将所释放的 PAHs 进行分离，所得非活性态 AZTMA 溶液经过可见光照射后重新恢复其活性，再次注入洗脱装置，按同样方法对污染土壤增溶洗脱。

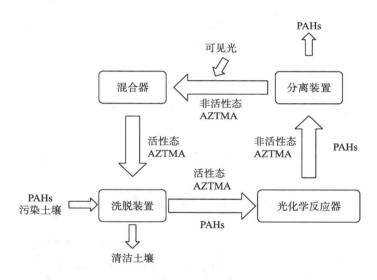

图 6-32　AZTMA 增溶洗脱 PAHs 污染土壤示意图

6.5.1　AZTMA 及其混合体系在土壤上的吸附

　　AZTMA 及其与常规非离子型表面活性剂 Tween80 组成的阳-非离子型混合表面活性剂体系在红壤上的吸附等温线如图 6-33 所示。与表面活性剂在膨润土上的吸附现象一致，在一定浓度范围内，AZTMA 以及 AZTMA-Tween80 混合体系的吸附量均随着平衡浓度的上升而上升，并且在平衡浓度为其 CMC 左右达到吸附饱和，吸附量趋于稳定，此现象验证了表面活性剂分子不能以胶束形态吸附至红壤上。通过单一与混合表面活性剂吸附量的对比发现，在以红壤为吸附质时，Tween80 的加入降低了 AZTMA 的吸附量，例如在 2618.0mg/L 的 Tween80 存在条件下，AZTMA 的吸附量相较单一 AZTMA 存在时下降了约 53%，因此，在红壤中 AZTMA 与 Tween80 同样存在吸附竞争关系，Tween80 含量越高，其对 AZTMA 的吸附抑制作用越强。

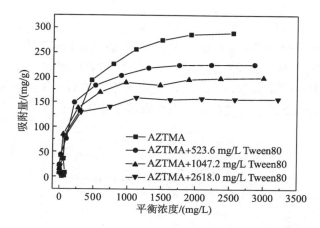

图 6-33   AZTMA 与 AZTMA-Tween80 混合体系在红壤上的吸附等温线

将所得吸附等温线进行 Langmuir 和 Freundlich 热力学方程拟合，结果列于表 6-15 中。表中，单一 AZTMA 以及混合体系中 AZTMA 在红壤上的吸附同样遵从 Langmuir 方程，说明红壤存在能与阳离子表面活性剂 AZTMA 发生离子交换的活性吸附位点。然而，将此表中饱和吸附量 k_1 与表 6-12 中对应的值对比，可以发现实际红壤的吸附能力小于膨润土，这是因为红壤 CEC 表征结果低于膨润土，较低的阳离子交换位点无法使得更多的 AZTMA 吸附于红壤颗粒上。

表 6-15   Tween80 存在下 AZTMA 在红壤上的等温吸附方程参数

Tween80 浓度 /(mg/L)	Langmuir 方程			Freundlich 方程		
	k_1/(mg/g)	k_2	R^2	K_f/(L/kg)	$1/n$	R^2
0	364.84	0.0019	0.9568	7.366	0.4873	0.8976
523.6	243.40	0.0062	0.9851	25.503	0.2896	0.9490
1047.2	202.19	0.0103	0.9894	24.998	0.2735	0.9415
2618.0	172.85	0.0060	0.9391	15.761	0.3027	0.8403

6.5.2   AZTMA 及其混合体系对污染土壤中 PAHs 的洗脱

洗脱率是衡量表面活性剂淋洗液对有机污染土壤修复效率高低的一项重要指标，图6-34 为 AZTMA-Tween80 混合表面活性剂体系中 PAHs 浓度随洗脱时间的变化，图中混合体系浓度为 10000mg/L，组分之间质量比为 AZTMA：Tween80=2：3。增溶洗脱反应从开始至大约 180min，土壤中的 PAHs 通过胶束相分配作用大量进入表面活性剂胶束，具有较快的从土壤向水相的传质速率。反应进行至 180min 后，表面活性剂溶液中 PAHs 浓度的增加趋于平缓，此时胶束对 PAHs 已达增溶洗脱平衡。一般情况下，表面活性剂胶束可聚集在土壤/PAHs 以及水/PAHs 界面上，通过其疏水碳链的作用使 PAHs 从土壤颗粒上解吸下来并增溶至疏水内核中，此过程可用一级反应速率方程来描述[29]，具体表达式如式(6-18)所示。

$$C = C_m(1 - e^{-kt}) \tag{6-18}$$

式中，C 表示表面活性剂溶液中 PAHs 的浓度，mg/L；C_m 为溶液中 PAHs 的饱和浓度，mg/L；t 为时间，min；k 是一级反应速率常数，min^{-1}。拟合结果如表 6-16 所示，3 种 PAHs 的 k 与 C_m 均遵循大小顺序为苊＞菲＞芘，说明水相中 PAHs 浓度增加速率大小顺序为苊＞菲＞芘，表面活性剂疏水性越强，其被洗脱速率越快。

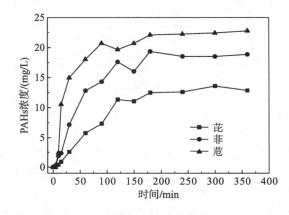

图 6-34　表面活性剂溶液中 PAHs 浓度与洗脱时间的关系

表 6-16　PAHs 增溶洗脱一级速率方程拟合相关参数

PAHs	k/min^{-1}	C_m/(mg/L)	R^2
芘	0.0094	14.27	0.977
菲	0.0158	19.18	0.984
苊	0.0305	21.91	0.964

　　图 6-35 为不同表面活性剂溶液浓度对溶液中 PAHs 浓度的影响。从图中可以看出，混合表面活性剂体系中非离子组分 Tween80 所占比例越大，溶液中 PAHs 浓度越高，即洗脱作用越强，这与混合表面活性剂对 PAHs 的增溶作用结果相一致。当 AZTMA 与 Tween80 的质量比为 2：3 和 1：1 时，其洗脱能力较单一 Tween80 强，说明在洗脱过程中，不仅仅是非离子组分 Tween80 在发挥作用，同时还有 Tween80 与 AZTMA 混合胶束的协同增溶作用。此外，由前述结果可知，AZTMA-Tween80 相互之间存在吸附抑制作用，使得较少的表面活性剂发生吸附损失，这也是混合体系洗脱作用较强的一个重要原因。

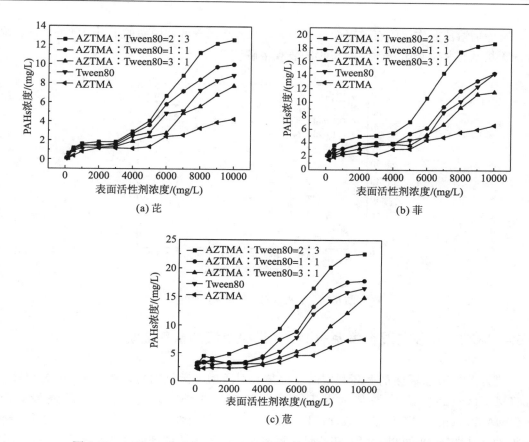

图 6-35　AZTMA 与 AZTMA-Tween80 溶液对芘、菲、苊的增溶洗脱作用

与洗脱率一样，由于所研究污染物芘、菲、苊存在性质上的差异，相同浓度表面活性剂对其洗脱能力也有所不同。以 AZTMA：Tween80=2：3 为例，当溶液浓度达到 10000 mg/L 时，其对芘、菲、苊的洗脱率分别为 50.37%、74.94%、90.29%。可见，在洗脱过程中，PAHs 的洗脱率与其辛醇/水分配系数 K_{ow} 呈正相关。也就是说，有机物疏水性越强，洗脱率越低。值得注意的是，疏水性越强的有机物越易于通过有机相分配作用而被土壤所吸附，这也会造成此 3 种 PAHs 洗脱率的不同。

6.5.3　离子组分对 PAHs 洗脱率的影响

土壤中所含无机盐的种类和浓度都会影响表面活性剂在土壤上的吸附损失，那么这也必将会对土壤中有机污染物的增溶洗脱造成影响。如图 6-36 所示，在原土样中，AZTMA 与 Tween80 质量比为 2：3 时的混合溶液对菲的洗脱率最高可达 74.94%；而当常见无机盐离子 Na^+、K^+、Mg^{2+} 存在时，其对菲的洗脱率分别增加至 77.85%、81.13% 以及 84.27%。可见，土壤中共存阳离子能有效提高阳-非离子型混合表面活性剂溶液对有机污染物的洗脱率。在相同条件下，离子所带正电荷越高，或者水合离子半径越小，洗脱率提升越明显。这都是因为无机盐离子与表面活性剂之间存在着竞争吸附，使得表面活性剂吸附损失变小，发挥增溶洗脱作用的有效表面活性剂量增加，从而导致洗脱率的上升。此外，一定浓度的无机盐也将会增大疏水性有机物的表观溶解度。

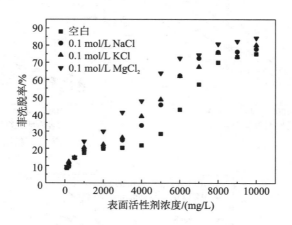

图 6-36　　无机盐对菲洗脱率的影响

6.5.4　AZTMA 及其混合体系对 PAHs 污染土壤的重复洗脱

"开关"表面活性剂循环利用的前提是其对所增溶污染物的释放，图 6-37 描述了 AZTMA-Tween80 在其最佳质量比下对 PAHs 的释放现象。前文已述及，当 AZTMA-Tween80 混合溶液完成增溶作用后，经过紫外光照射，其具备对 PAHs 进行释放的潜力。从图 6-38 可以看出，初始时，释放率随着表面活性剂浓度的升高而升高，并且在 7000mg/L 时达到最高值。之后，释放率随着溶液浓度升高而下降。此现象与 AZTMA-Tween80 对水相中 PAHs 增溶-释放规律一致。当溶液浓度为 7000mg/L 时，其对 PAHs 的释放率相当可观，分别有 70.93%、68.88% 和 55.51% 的芘、菲、苊从胶束中释放，此时 AZTMA-Tween80 混合体系中 AZTMA 的质量浓度约为 1400mg/L，换算成摩尔浓度为 3.33mmol/L，正好处于 AZTMA 活性与非活性态的 CMC 之间（2～5mmol/L）。

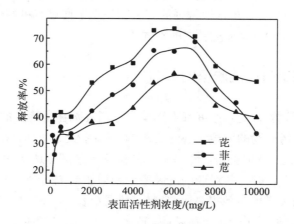

图 6-37　　AZTMA-Tween80 对芘、菲、苊的释放率

待 AZTMA-Tween80 溶液对 PAHs 进行释放后,重新经可见光照射恢复其表面活性,应用于第二次土壤洗脱实验,所得结果如图 6-38 所示。在第二次洗脱实验中,当表面活性剂溶液浓度偏低时,PAHs 的洗脱率与溶液浓度呈正相关。然而,当浓度达到 7000mg/L 以上时,芘、菲、苊的洗脱率随浓度的升高反而降低或保持稳定,并且明显地,混合体系的一次洗脱率高于二次洗脱率。这是因为溶液中仍然有呈胶束状的 Tween80 以及 AZTMA 单体存在,导致一部分 PAHs 无法与表面活性剂胶束分离,使得重新恢复活性的胶束增溶量降低。此外,土壤对表面活性剂的吸附作用也会导致洗脱率的下降。从图中还可以发现,第二次洗脱实验图像变化趋势与图 6-37 中 PAHs 的释放率变化趋势相吻合,这说明混合表面活性剂体系的洗脱率确实与其释放率密切相关,由于胶束的增溶能力有限,胶束对 PAHs 释放量越大,那么其再利用时的增溶洗脱作用越明显。

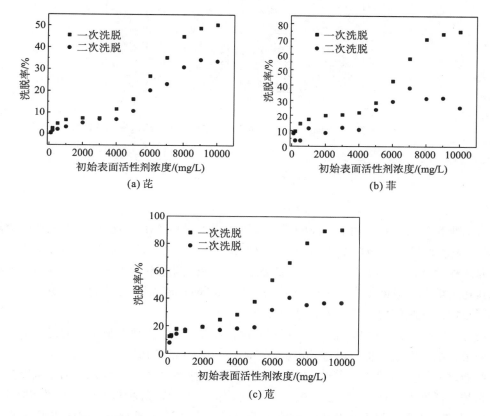

图 6-38　AZTMA-Tween80 混合体系两次洗脱率对比

图 6-39 为 AZTMA-Tween80 混合体系对污染土壤中 PAHs 重复洗脱效率的变化,如图所示,7000mg/L 的混合溶液对 PAHs 的初次洗脱具有良好的效果,其中苊的洗脱率高达 66%。然而,在经过一次增溶-释放循环后,其对 PAHs 的洗脱率开始下降,与图 6-38 所示实验现象一致。由于混合胶束对所增溶 PAHs 释放不完全,通过可逆调控后,其增溶洗脱能力并不能完全恢复至初始水平。但是,通过多次重复实验发现,以菲为例,在第二、

三、四次洗脱实验中，菲的洗脱率分别为 38.27%、32.37%、25.53%，此体系对污染土壤中 PAHs 的重复洗脱率自第二次起下降趋势明显减弱，这是因为 AZTMA-Tween80 混合体系对 PAHs 的释放率保持稳定，此时土壤对表面活性剂的吸附是洗脱率下降的主要原因。综合以上实验结果可知，AZTMA-Tween80 混合表面活性剂体系应用于有机污染土壤的可逆增溶修复是可行的，如何提高二次洗脱率将成为 RSER 技术实施的关键。

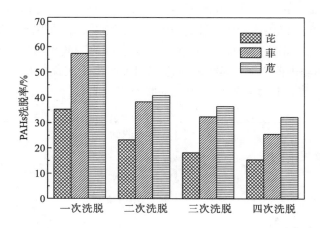

图 6-39　AZTMA-Tween80 混合体系对 PAHs 污染土壤重复增溶洗脱

6.6　小　　结

本章研究了 AZTMA 对 PAHs 的增溶作用；探讨了 AZTMA 对疏水性有机物的增溶作用机制，发现可通过光照使得 AZTMA 对已增溶 PAHs 进行释放；尝试了通过添加非离子型表面活性剂 Tween80 与 AZTMA 形成混合表面活性剂体系，在增大其增溶能力的同时降低其在土壤上的吸附损失；初步考察了 AZTMA-Tween80 混合体系对实际 PAHs 污染土壤的可逆增溶洗脱作用，主要研究结论如下。

（1）反式 AZTMA 对 PAHs 具有显著的增溶作用，增溶能力大小顺序为芘＞菲＞苊，且其增溶机制符合溶质扩散模型。顺式 AZTMA 对 PAHs 的增溶能力明显低于其反式结构，因此可通过外界光照调控来实现 AZTMA 对 PAHs 的增溶与释放，当 AZTMA 浓度介于其活性态与非活性态 CMC 之间（2～5mmol/L）时，释放效果最好，释放率最高可达 80% 以上。

（2）AZTMA 能通过非理想混合与常规非离子型表面活性剂 Tween80 形成阳-非离子型混合表面活性剂体系，使得其 CMC 相较单一表面活性剂溶液降低，当混合溶液组分摩尔比为 AZTMA：Tween80=2：8 时，CMC 可达最低值，该混合体系具有最高的协同增溶作用。通过光化学手段调控后的 AZTMA-Tween80 对 PAHs 的增溶能力明显降低，光照同样能控制此混合表面活性剂溶液对所增溶 PAHs 进行释放，PAHs 疏水性越强，释放率越高。

（3）作为一类新型阳离子表面活性剂，AZTMA 易于通过离子交换作用吸附在典型黏土矿物膨润土上而造成损失。AZTMA 在膨润土上的吸附行为可采用准二级动力学方程进行描述，并且以单层吸附为主。土壤中共存阳离子所带电荷越大或离子浓度越高，均会对

AZTMA 的吸附产生抑制作用，而有机质则会促进其吸附作用。非离子型表面活性剂 Tween80 的加入可有效解决 AZTMA 吸附损失量大这一缺点，AZTMA-Tween80 混合体系在膨润土上的实际总体吸附量相较单一表面活性剂理论吸附量之和最高可降低 50%。与此同时，AZTMA 也是对膨润土进行有机改性的良好材料，XRD 结果表明，AZTMA 以及 AZTMA-Tween80 混合体系的负载均能提高蒙脱石的底面层间距，且表面活性剂负载量越大，改性效果越明显。

　　（4）AZTMA 同样易于通过离子交换作用吸附至土壤上，符合 Langmuir 方程，但是 Tween80 的加入能有效降低表面活性剂的吸附损失。在对 PAHs 污染土壤洗脱过程中，AZTMA-Tween80 胶束聚集在土壤/PAHs 以及水/PAHs 界面上，通过其疏水碳链的作用使 PAHs 从土壤颗粒上解吸下来并增溶至疏水内核。混合体系对土壤中的 PAHs 具有良好的增溶洗脱效果，当 AZTMA 与 Tween80 质量比为 2：3 时，洗脱率达到最高。土壤中无机盐的存在能降低 AZTMA-Tween80 的吸附损失量，并且能提高 PAHs 在水中的溶解度，从而进一步提高 AZTMA-Tween80 对 PAHs 的洗脱率。多次重复洗脱实验证明 AZTMA-Tween80 体系能对已增溶 PAHs 进行稳定的不完全释放，故导致该体系对污染土壤中 PAHs 的重复洗脱率降低，但是自第二次起其洗脱率下降并趋于平缓。

参 考 文 献

[1] Orihara Y, Matsumura A, Saito Y, et al. Reversible release control of an oily substance using photoresponsive micelles[J]. Langmuir, 2001, 17(20):6072-6076.

[2] Liu N, Dunphy D R, Atanassov P, et al. Photoregulation of mass transport through a photoresponsive azobenzene-modified nanoporous membrane[J]. Nano Letters, 2004, 4(4):551-554.

[3] Rosen M J, Kunjappu J T. Surfactants and interfacial phenomena[M].New Jersey: John Wiley & Sons, 2012.

[4] Zhou W J, Zhu L Z. Solubilization of polycyclic aromatic hydrocarbons by anionic–nonionic mixed surfactant[J]. Colloids and Surfaces A: Physicochemical and Engineering Aspects, 2005, 255(1-3): 145-152.

[5] Yaws C L. Chemical properties handbook[M].New York: McGraw-Hill Book Company, 1999.

[6] Chan A F, Evans D F, Cussler E L. Explaining solubilization kinetics[J]. AIChE Journal, 1976, 22(6):1006-1012.

[7] Carroll B J, O'rourke B G C, Ward A J I. The kinetics of solubilization of single component non-polar oils by a non-ionic surfactant[J]. Journal of Pharmacy and Pharmacology, 1982, 34(5): 287-292.

[8] Edwards D A, Luthy R G, Liu Z B. Solubilization of polycyclic aromatic hydrocarbons in micellar nonionic surfactant solutions[J]. Environmental Science & Technology, 1991, 25(1): 127-133.

[9] Tian S L, Long J, He S S. Reversible solubilization of typical polycyclic aromatic hydrocarbons (PAH) by a gas switchable surfactant[J]. Journal of Surfactants and Detergents, 2015, 18(1): 1-7.

[10] Mohamed A, Mahfoodh A S M. Solubilization of naphthalene and pyrene by sodium dodecyl sulfate (SDS) and polyoxyethylenesorbitan monooleate (Tween 80) mixed micelles[J]. Colloids and Surfaces A: Physicochemical and Engineering Aspects, 2006, 287(1-3): 44-50.

[11] 田森林, 牛艳华, 李光, 等. 典型多环芳烃电化学可逆增溶作用研究[J]. 上海师范大学学报(自然科学版), 2011, 40(6): 557-561.

[12] 牛艳华. 典型多环芳烃电化学可逆增溶作用研究[D]. 昆明: 昆明理工大学, 2012.

[13] Long J, Tian S L, Niu Y H, et al. Electrochemically reversible solubilization of polycyclic aromatic hydrocarbons by mixed micelles composed of redox-active cationic surfactant and conventional nonionic surfactant[J]. Polycyclic Aromatic Compounds, 2016, 36(1): 1-19.

[14] Zhu L Z, Feng S L. Synergistic solubilization of polycyclic aromatic hydrocarbons by mixed anionic-nonionic surfactants[J]. Chemosphere, 2003, 53(5): 459-467.

[15] 余海粟, 朱利中. 混合表面活性剂对菲和芘的增溶作用[J]. 环境化学, 2004, 23(5): 485-489.

[16] Zhu L Z, Chiou C T. Water solubility enhancements of pyrene by single and mixed surfactant solutions[J]. Journal of Environmental Sciences, 2001, 13(4): 491-496.

[17] Li Y J, Tian S L, Mo H, et al. Reversibly enhanced aqueous solubilization of volatile organic compounds using a redox-reversible surfactant [J]. Journal of Environmental Sciences, 2011, 23(9): 1486-1491.

[18] 陈宝梁. 表面活性剂在土壤有机污染修复中的作用及机理[D]. 杭州: 浙江大学, 2004.

[19] 詹树娇. 电化学可逆表面活性剂增溶修复多环芳烃污染土壤的方法研究[D]. 昆明: 昆明理工大学, 2014.

[20] 葛渊数. 有机膨润土对水中有机物的吸附作用及处理工艺[D]. 杭州: 浙江大学, 2004.

[21] Khenifi A, Bouberka Z, Sekrane F, et al. Adsorption study of an industrial dye by an organic clay[J]. Adsorption, 2007, 13(2): 149-158.

[22] Krishnan A, Siedlecki C A, Vogler E A. Traube-rule interpretation of protein adsorption at the liquid-vapor interface[J]. Langmuir, 2003, 19(24): 10342-10352.

[23] 詹树娇, 田森林, 龙坚, 等. 阳离子型可逆表面活性剂在膨润土上的吸附行为[J]. 中国环境科学, 2014, 34(7): 1831-1837.

[24] Kumpabooth K, Scamehorn J F, Osuwan S, et al. Surfactant recovery from water using foam fractionation: effect of temperature and added salt[J]. Separation Science & Technology, 1999, 34(2): 157-172.

[25] Zhang Y X, Zhao Y, Zhu Y, et al. Adsorption of mixed cationic-nonionic surfactant and its effect on bentonite structure[J]. Journal of Environmental Sciences, 2012, 24(8): 1525-1532.

[26] Tian S L, Zhu L Z, Shi Y. Characterization of sorption mechanisms of VOCs with organobentonites using a LSER approach[J]. Environmental Science & Technology, 2004, 38(2): 489-495.

[27] Rawajfih Z, Nsour N. Characteristics of phenol and chlorinated phenols sorption onto surfactant-modified bentonite[J]. Journal of Colloid & Interface Science, 2006, 298(1): 39-49.

[28] 陈岩, 闫良国. CTMAB 有机膨润土对水中磷酸盐的吸附去除作用[J]. 环境科学与管理, 2009, 34(8): 62-64.

[29] Zhu J X, He H P, Guo J G, et al. Arrangement models of alkylammonium cations in the interlayer of $HDTMA^+$ pillared montmorillonites[J]. Chinese Science Bulletin, 2003, 48(4): 368-372.

[30] Zieliński R, Szymusiak H. Structure of stable double-ionic model water clusters of quaternary alkylammonium surfactants with some monovalent counterions as derived by the DFT method[J]. International Journal of Quantum Chemistry, 2004, 99(5): 724-734.

第7章 电化学"开关"有机膨润土的制备、可逆吸附机理及应用

有机膨润土作为经济、高效的吸附剂被大量应用于有机废水的处理。但吸附有机污染物的有机膨润土吸附剂缺乏经济有效的再生方法，制约了其在有机废水处理中的应用。"开关"表面活性剂具有特殊结构，可以通过外部刺激实现对其表面活性可逆控制。电化学"开关"表面活性剂可在不同电势下进行氧化还原反应，且无须加入其他氧化还原试剂，为有机膨润土吸附剂的再生及吸附态有机物污染物的脱附提供了新的思路。本章选用电化学"开关"表面活性剂二茂铁十一烷基三甲基溴化铵(FTMA)作为改性剂对膨润土(Mt)原土进行改性，制备"开关"吸附剂(FTMA-Mt)，以有机废水中常见的苯酚为目标污染物，重点研究改性膨润土的电化学性质、苯酚在有机膨润土上吸附/脱附规律以及有机膨润土的电化学再生吸附，以期为开发新型、高效的"开关"有机膨润土吸附材料提供理论依据和技术支撑。

7.1　二茂铁电化学"开关"有机膨润土吸附剂的制备及结构表征

7.1.1　电化学"开关"有机膨润土的制备

"开关"有机膨润土的制备参照相关文献中合成传统有机膨润土的制备方法[1]。简要制备过程如下：在膨润土中加入一定量的表面活性剂水溶液(FTMA、FTMA$^+$、CPC 或 CTAB)，保持水土比为 20∶1，室温下保持恒速(120r/min)振荡 24h。抽滤，用超纯水洗涤 3～4 次，直到没有 Br$^-$、Cl$^-$存在，在 105℃下干燥直至恒重，研磨过 100 目筛备用。

制得的有机膨润土均用以下形式表示：xCECy-Mt，xCEC 为加入的表面活性剂的量为膨润土 CEC 的 x 倍，y 代表表面活性剂的种类。例如 1.0 CEC FTMA-Mt 表示用 100% CEC 的 FTMA 改性土样。同理 CPC、CTAB 改性的膨润土以 CPC-Mt、CTAB-Mt 表示。

7.1.2　FTMA-Mt 吸附剂层间的分布特征

蒙脱石是黏土矿中的主要组分，其主要的矿物成分为层状硅铝酸盐。硅氧四面体和铝氧八面体不稳定，容易发生置换作用，导致蒙脱石单元结构中的硅离子、铝离子被镁离子置换，引起层间负电荷过多，使得蒙脱石具有离子交换性能。阳离子交换后的膨润土层间

性质发生变化，通过 X 射线照射后发生衍射现象得到衍射角 θ，根据布拉格方程 $2d\sin\theta=n\lambda$ 可以计算出有机膨润土的底面层间距，即 d_{001}。

　　利用 XRD 可获取膨润土的空间结构，结合表面活性剂的投加量与有机碳含量，可以得到表面活性剂在层间的分布特征。由不同的改性膨润土获得的 XRD 图谱（图 7-1）计算得到其 d_{001}，再除去膨润土硅酸盐层的厚度（0.96 nm）得到其层间高度 H。由于膨润土具有膨胀性，阳离子表面活性剂进入膨润土层间造成层间高度不断变化，从而改变层间的空间体积，通过理论方法可以对其层间分布情况进行估算[2,3]。

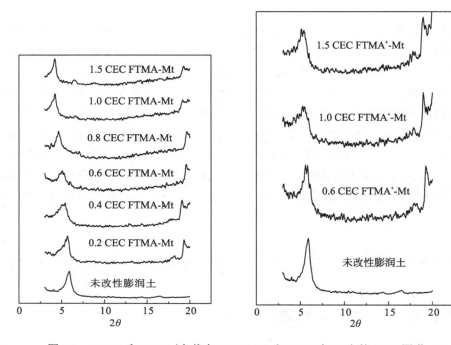

图 7-1　FTMA 和 FTMA⁺负载在 FTMA-Mt 和 FTMA⁺-Mt 上的 XRD 图谱

　　假设膨润土的化学组成符合蒙脱石的理想结构，根据文献，蒙脱石晶胞参数为 $a_0=5.2\times10^{-10}$m，$b_0=9.0\times10^{-10}$m，则单位质量蒙脱石晶胞投影面积如式（7-1）所示：

$$S_{cell} = a_0 \times b_0 \times 6.02 \times 10^{23} / M_{cell} \tag{7-1}$$

式中，S_{cell} 为单位质量蒙脱石晶胞投影面积，m²/g。本章使用的样品对应的 M_{cell} 为 874.5g/（mol·晶胞），按式计算所得 S_{cell} 为 322.16m²/g。此膨润土的理论内比表面积 $S_{in}=2S_{cell}=644.32$ m²/g。单位质量膨润土的层内空间体积可由式（7-2）计算得到。

$$V = S_{cell} \times d_{001} \times 10^{-3} \tag{7-2}$$

式中，V 反映了表面活性剂的进入对膨润土的膨胀性大小的影响情况，m³/g；d_{001} 为膨润土的底面层间距，nm。

　　通过层内空间体积 V 和膨润土中 FTMA⁺实际负载量 C_m 可以得出 FTMA⁺层间堆积密度如式（7-3）所示：

$$\rho_v = M_{FTMA} \times 10^{-3} \times C_m / V \tag{7-3}$$

式中，M_{FTMA}=398g/mol 为 FTMA$^+$ 的摩尔质量(对 1.5 CEC FTMA-Mt，物理吸附部分，20%
按 M=478g/mol 计算)；C_m 为膨润土中 FTMA$^+$ 实际负载量，mmol/g。各吸附剂的 ρ_v 也列
在表 7-1 中，原土和 FTMA 改性膨润土的 ρ_v 分别为 0、0.25g/cm^3、0.40g/cm^3、0.45g/cm^3、
0.50g/cm^3、0.49g/cm^3、0.66g/cm^3。由此可知，层间堆积密度随 FTMA 负载浓度的增加逐
渐变大，FTMA 改性产生的 d_{001} 也呈现类似规律，因此，FTMA 层间堆积密度 ρ_v 是表征
有机膨润土结构特征的重要参数。

　　FTMA$^+$ 层间堆积密度 ρ_v 也可解释有机膨润土通过分配作用吸附有机物的机理。
FTMA-Mt 的密度与具有类似结构和相同碳链长度的直链烷烃在常温下的密度接近，ρ_v 均
为 0.25～0.66g/cm^3(表 7-1)，例如，正十一烷和二十四烷在 25℃ 时的密度分别为
0.7404g/cm^3 和 0.7886g/cm$^{3[4]}$，即 FTMA$^+$ 在层间以类似液态的状态存在。FTIR 等[5] 表征证
明了低堆积密度条件下，季铵盐长碳链烷基以近似一种无规则的、类似液态的结构存在。
而且在类液态时，改性剂没有达到表面活性剂完全紧密堆积的密度(结晶固体密度)，通过
文献[2,6,7]中已有的公式进行计算可以得出 FTMA-Mt 还有潜在的吸附空间，决定了
FTMA-Mt 具有吸附有机污染物的能力。

　　根据衍射角得到改性膨润土底面层间距(d_{001})及测定的有机碳含量(TOC)得到有机膨
润土吸附剂层间结构分析结果，如表 7-1 所示。

表 7-1　有机碳含量(TOC)及层间结构分析结果

样品	TOC/%	表面活性剂实际负载量	实际交换比例/%	d_{001}/nm	层间堆积密度/(g/cm^3)
未改性膨润土	1.077	0.00 CEC		1.55	0.00
0.2 CEC FTMA-Mt	4.666	0.18 CEC	93.4	1.56	0.25
0.4 CEC FTMA-Mt	8.027	0.31 CEC	83.3	1.64	0.40
0.6 CEC FTMA-Mt	10.712	0.41 CEC	76.4	1.78	0.45
0.8 CEC FTMA-Mt	13.204	0.50 CEC	72.6	1.90	0.50
1.0 CEC FTMA-Mt	15.331	0.59 CEC	69.1	2.11	0.49
1.5 CEC FTMA-Mt	19.310	0.74 CEC	60.9	2.14	0.66
0.6 CEC FTMA$^+$-Mt	8.118	0.31 CEC	56.2	1.58	0.44
1.0 CEC FTMA$^+$-Mt	9.190	0.35 CEC	38.6	1.70	0.43
1.5 CEC FTMA$^+$-Mt	9.332	0.36 CEC	26.2	1.73	0.42
1.0 CEC CPC-Mt	12.309	0.72 CEC	72.0	2.57	0.41
1.0 CEC CTAB-Mt	14.907	0.75 CEC	75.0	2.20	0.57

由表 7-1 可以看出，随着 FTMA 投加量的增加，有机碳含量不断增大，但其与表面活性剂的用量为非线性关系。不管表面活性剂的投加量为多少，其与膨润土始终不能完全交换，且随着表面活性剂投加量的增加，与膨润土进行交换的表面活性剂的比例逐渐减少，利用率下降。

7.1.3 "开关"表面活性剂在膨润土层间的排列模式

由表 7-1 可知，当表面活性剂的投加量小于 1.0 CEC 时，有机膨润土吸附剂的 d_{001} 急剧增大，而当投加量大于 1.0 CEC 时，d_{001} 增大程度不明显。目前，可利用 XRD 方法得到改性膨润土底面层间距以及结合阳离子的大小推测出阳离子在膨润土中的排列模式[5,8-10]。Zhu 等[10]用 XRD 研究了 d_{001} 随季铵盐阳离子 CTMA$^+$ 负载量增加的变化规律，发现随着CTMA$^+$负载量的增加，d_{001} 呈阶梯式增大，且推测出随着 CTMA$^+$ 的增加其在膨润土层间的排列模式以及阳离子倾斜排列时烷基链的倾斜角度。总结研究结果可以得知，有机阳离子在膨润土层间主要存在以下几种模式：平铺单层、平铺双层、假三层、倾斜单层和倾斜双层。

通过 FTMA 离子进行模拟计算得到 FTMA 阳离子链长约为 2.25nm，二茂铁基一端截面长轴直径约为 0.43nm，短轴直径约为 0.51nm，含氮和三个甲基的阳离子端长径约为0.67nm。由表 7-1 中结果可知，蒙脱石原土的衍射主峰对应的底面层间距为 1.55nm，随着 FTMA 实际负载量的增加，d_{001} 衍射峰向角度更小的方向偏移，蒙脱石的底面层间距逐渐增大。结合先前的研究[8,10]，根据 d_{001} 可推断出 FTMA 在膨润土层间的排列模式为平卧单层（0.2 CEC、0.4 CEC）、平卧双层（0.6 CEC、0.8 CEC）、假三层（1.0 CEC）和倾斜单层（31.6°，1.5 CEC）。同理可得出氧化态表面活性剂 FTMA$^+$ 在膨润土层间的排列模式分别为平卧单层（0.6 CEC FTMA$^+$-Mt）和平卧双层（1.0 CEC FTMA$^+$-Mt 和 1.5 CEC FTMA$^+$-Mt）。同时，表面活性剂实际负载量与 d_{001} 以及表面活性剂在膨润土层间的排列模式如图 7-2 所示。

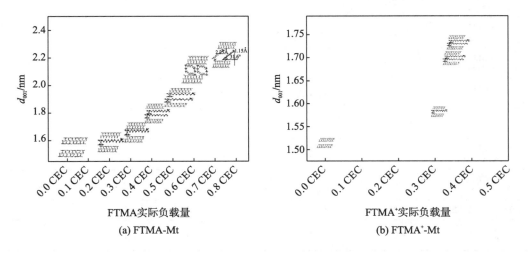

图 7-2　FTMA 和 FTMA$^+$ 在膨润土层间的排列模式

7.1.4　电化学"开关"有机膨润土吸附剂热重分析

原土、FTMA-Mt、FTMA$^+$-Mt、CTAB-Mt 和 CPC-Mt 的热重(thermogravimetric，TG)曲线和 TG-DSC 曲线如图 7-3 和图 7-4 所示。由图中可以看出未改性膨润土的热重曲线在 30～750℃范围内总失重量为 14.7%且只有两个失重台阶：当温度为 30～120℃时，差示扫描量热法(differential scanning calorimetry，DSC)曲线上有一个吸热峰，这是由于原土中的吸附水蒸发分解；600℃失重量达到 5.8%，这是由于层间发生脱羟基反应，羟基与氧原子以水分子的形式分解。然而对于改性膨润土(如 FTMA-Mt)，其失重量都比原土小得多，在 30～120℃，0.8 CEC FTMA-Mt 失重量下降到 1.9%，同时，从 DSC 曲线上可以看出，30～120℃范围内，0.8 CEC FTMA-Mt 放出的能量明显小于原土，进一步证实原土层间的吸附水阳离子交换，表面活性剂成功改性膨润土。且随着表面活性剂(FTMA 和 FTMA$^+$)实际负载量逐渐增大，膨润土上吸附水的失重量逐渐减少。同时从图中可以发现，表面活性剂的分解分两个步骤：当 FTMA 的投加量为 0.8 CEC、温度为 250～350℃时，改性膨润土有 8.8%的质量损失，但是这并不等于 FTMA 的负载量；当温度为 350～450℃时，改性膨润土又有 7.1%的质量损失。结果发现，250～450℃之间质量损失的总和和表面活性剂的负载量一致。这说明二茂铁表面活性剂提高了改性膨润土的热稳定性[11]。

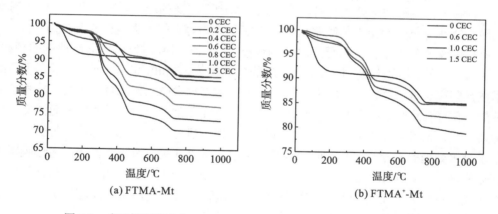

图 7-3　未改性膨润土与 FTMA-Mt、FTMA$^+$-Mt 的 TG 曲线(后附彩图)

图 7-4 研究发现，电化学"开关"表面活性剂和常规表面活性剂改性有机膨润土的 TG 曲线变化规律一致，且电化学"开关"有机膨润土吸附剂的热稳定性更好。综上所述，TG/DSC 曲线进一步证明了膨润土被表面活性剂成功改性，FTMA-Mt 在水处理条件下具有良好的热稳定性。

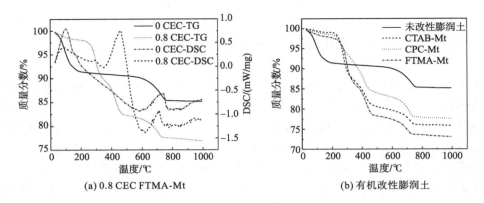

图 7-4 未改性膨润土与 0.8 CEC FTMA-Mt 的 TG-DSC 曲线和有机改性膨润土 TG 曲线

7.2 电化学"开关"有机膨润土吸附剂对水中苯酚的吸附机理研究

有机膨润土主要基于阳离子交换作用，由将膨润土投入阳离子表面活性剂中制备而成。随着柱撑阳离子含量的增加，有机膨润土层间距不断扩大，导致膨润土亲水性减弱、疏水性增强，有机污染物在膨润土上的吸附量显著增大。环境中有机污染物成分复杂，含量不一，利用有机膨润土处理有机污染物已经得到了广泛的应用。近年来，国内外对水中有机污染物在有机膨润土上的吸附机理、性能和规律等进行了大量研究和报道。

有机膨润土的吸附性能与原土本身的性质(阳离子交换容量)、表面活性剂的种类(链长、结构、离子类型)以及有机污染物本身的性质相关。Smith 和 Galan[12]制备了不同结构的季铵盐阳离子改性膨润土，研究了这些有机膨润土对水中三氯乙烯、四氯化碳和苯的吸附性能。表面活性剂有机膨润土在废水吸附中的研究非常广泛。"开关"表面活性剂作为一种新型表面活性剂，关于其表面性质和可逆特性的研究相对成熟，但是其与膨润土一起应用于废水处理鲜有报道。基于此，本章制备电化学"开关"有机膨润土，通过吸附等温线、吸附动力学及热力学参数研究掌握苯酚在有机膨润土上的吸附机理，并与常规阳离子表面活性剂有机膨润土进行对比，探讨水体中其他因素对有机污染物在膨润土上的吸附变化规律的影响，为有机废水修复治理提供新的视角。

7.2.1 吸附等温线

25℃下 FTMA-Mt 和 FTMA$^+$-Mt 对苯酚的吸附等温线如图 7-5 所示。由图中曲线发现，苯酚在改性膨润土上的吸附量远大于其在原土上的吸附量。苯酚在 FTMA-Mt 上的吸附量随着表面活性剂负载的增加不断增大。当苯酚含量为 200mg/L，改性膨润土上表面活性剂(FTMA)的投加量为 0.2 CEC、0.4 CEC、0.6 CEC、1.0 CEC、1.5 CEC 时，苯酚的吸附量分别为 0.6mg/g、5.2mg/g、7.2mg/g、10.5mg/g、17.6mg/g、27.1mg/g。同时，比较相同表面活性剂负载量的 FTMA-Mt 和 FTMA$^+$-Mt，FTMA-Mt 对苯酚的吸附量至少是 FTMA$^+$-Mt 的两倍。常规表面活性剂改性膨润土(CTAB-Mt 和 CPC-Mt)对苯酚的吸附等温线也被描述并如图 7-6 所示。

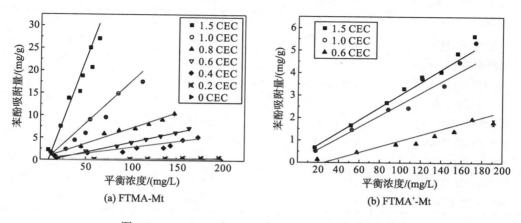

(a) FTMA-Mt　　　　　　　　　　　(b) FTMA$^+$-Mt

图 7-5　FTMA-Mt 和 FTMA$^+$-Mt 对苯酚的吸附等温线

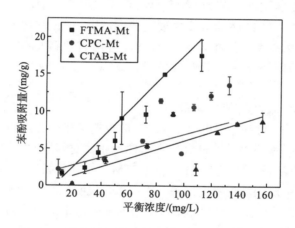

图 7-6　不同改性膨润土对苯酚吸附等温线的影响

长碳链表面活性剂改性膨润土对水中有机污染物的吸附主要由分配作用控制，FTMA 作为长碳链烷基表面活性剂，苯酚在 FTMA-Mt 上的吸附等温线的线性模型可用式(7-4)表示：

$$Q = K_d C_e \tag{7-4}$$

式中，Q 为有机污染物在有机膨润土上的吸附量，mg/g；C_e 为有机污染物在水中的平衡浓度，mg/L；K_d 为分配系数，L/g。有机膨润土对苯酚的吸附等温线回归方程及分配系数列于表 7-2。

表 7-2　有机膨润土对苯酚的吸附等温线回归方程及分配系数

表面活性剂负载量	线性回归方程	相关系数(R^2)	K_{oc}
0 CEC (FTMA)	$Q = 0.0013 C_e$	0.769	
0.178 CEC (FTMA)	$Q = 0.0029 C_e$	0.921	0.0006

续表

表面活性剂负载量	线性回归方程	相关系数(R^2)	K_{oc}
0.306 CEC(FTMA)	$Q = 0.0264\,C_e$	0.906	0.0033
0.409 CEC(FTMA)	$Q = 0.0412\,C_e$	0.987	0.0038
0.504 CEC(FTMA)	$Q = 0.0704\,C_e$	0.976	0.0053
0.585 CEC(FTMA)	$Q = 0.1515\,C_e$	0.939	0.0099
0.737 CEC(FTMA)	$Q = 0.4058\,C_e$	0.951	0.0210
0.310 CEC(FTMA$^+$)	$Q = 0.0097\,C_e$	0.931	0.0012
0.351 CEC(FTMA$^+$)	$Q = 0.0279\,C_e$	0.941	0.0030
0.356 CEC(FTMA$^+$)	$Q = 0.0314\,C_e$	0.989	0.0034
0.719 CEC(CPC)	$Q = 0.0582\,C_e$	0.526	0.0047
0.753 CEC(CTAB)	$Q = 0.0955\,C_e$	0.698	0.0068

FTMA-Mt 和 FTMA$^+$-Mt 对苯酚的吸附等温线呈线性关系且相关系数(R^2)均大于 0.9，说明苯酚在 FTMA-Mt 和 FTMA$^+$-Mt 上主要是分配作用。但是常规表面活性剂改性膨润土对苯酚的吸附等温线线性相关性较差。同时，可用有机碳标化量分配系数 K_{oc} 评价 FTMA-Mt 对苯酚的吸附效果，如式(7-5)所示。

$$K_{oc} = K_d / f_{oc} \tag{7-5}$$

式中，K_d 为分配系数；f_{oc} 为有机碳含量，%。

由表 7-2 可知，当 FTMA、CTAB 和 CPC 的投加量相同时，FTMA 的利用率最低，但是其有机碳标化量分配系数 K_{oc} 最大，且 FTMA-Mt 对苯酚的吸附量远大于 CTAB-Mt 和 CPC-Mt(图 7-6)。K_{oc} 不是常数，且 K_{oc} 随 FTMA 实际负载量的增大而增大(图 7-7)，该实验结果与表 7-1 中层间堆积密度结果基本一致，说明层间堆积密度越大，越有利于有机污染物的吸附。综上所述，FTMA-Mt 对苯酚的去除效果比一些常规表面活性改性膨润土更好且具有应用前景。

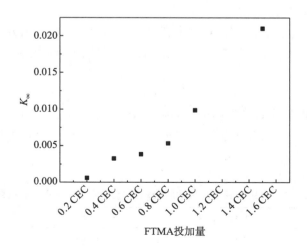

图 7-7 有机碳标化量分配系数(K_{oc})与 FTMA 投加量的关系

7.2.2 苯酚在 FTMA-Mt 上的吸附动力学

25℃下苯酚在 FTMA-Mt 上的平衡吸附量随时间变化曲线如图 7-8 所示,有机膨润土吸附剂对苯酚的吸附十分迅速,前 50min 为快速吸附阶段,吸附量急速增加,随着吸附量不断增大,吸附在 7h 左右达到平衡,且平衡吸附量为 18.5mg/g。这是由于吸附开始时,苯酚的浓度较大,以较快的速率向膨润土表面扩散,吸附量不断上升,随着吸附过程的进行,溶液中苯酚的浓度降低,且水分子的吸附竞争更加剧烈,膨润土上的吸附位点逐渐减少,吸附速率减小直到吸附达到平衡。

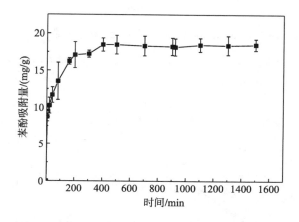

图 7-8 吸附时间对苯酚在 FTMA-Mt 上吸附的影响

吸附动力学通常可以用 Lagergren 准一级、准二级吸附速率方程或分子内扩散方程表述。

准一级吸附速率方程线性表达式[13]如式(7-6)所示:

$$\ln(Q_e - Q_t) = \ln Q_e - k_1 t \tag{7-6}$$

式中,Q_t 和 Q_e 分别为 t 时刻和吸附平衡的吸附量,mg/g;t 为吸附时间,min;k_1 为准一级吸附速率常数,min^{-1}。通过 $\ln(Q_e - Q_t)$ 对 t 作图并进行直线拟合,获得 k_1 和 Q_e。

准二级吸附速率方程线性表达式[14]如式(7-7)所示:

$$\frac{t}{Q_t} = \frac{1}{k_2 Q_e^2} + \frac{t}{Q_e} \tag{7-7}$$

式中,k_2 为准二级吸附速率常数,g/(mg·min)。以 t/Q_t 对 t 作图,通过直线斜率以及截距可以得到 Q_e 和 k_2。

分子内扩散方程[15]如式(7-8)所示:

$$Q_t = k_{id} \times t^{1/2} + c \tag{7-8}$$

式中,k_{id} 为分子内扩散方程常数,$mg·g·min^{1/2}$。以 Q_t 对 $t^{1/2}$ 作图,通过直线斜率以及截距可以得到常数项 c(mg/g)和 k_{id}。

动力学拟合结果如图 7-9~图 7-11 所示。

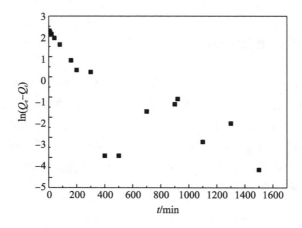

图 7-9　FTMA-Mt 吸附苯酚的准一级动力学拟合

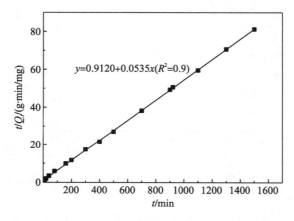

图 7-10　FTMA-Mt 吸附苯酚的准二级动力学拟合

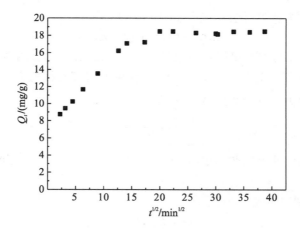

图 7-11　FTMA-Mt 吸附苯酚的分子内扩散动力学拟合

动力学拟合参数如表 7-3 所示，从表中可以看出，苯酚在 FTMA-Mt 上的吸附动力学与准二级吸附速率方程更加吻合，相关系数 R^2 为 0.9。通过准二级吸附速率方程拟合发现拟合计算得到的苯酚在 FTMA-Mt 上的平衡吸附量与实验值基本吻合，进一步说明苯酚在 FTMA-Mt 上的吸附更符合准二级吸附速率方程，且其描述的是一个吸附达到平衡的过程，与苯酚在 FTMA-Mt 的吸附行为一致。同时，分子内扩散拟合曲线不经过原点，且相关系数较低，所以分子内扩散不是苯酚吸附的主要控速步骤。根据文献[16]，综上所述，苯酚在 FTMA-Mt 上的吸附动力学模型和常规表面活性剂改性膨润土（CTAB-Mt）一致，符合准二级吸附速率方程，且化学吸附为其主要的控速步骤。

表 7-3　一级、二级和分子内扩散动力学拟合参数

实验值 /(mg/g)	准一级吸附速率方程			准二级吸附速率方程			分子内扩散方程		
	k_1/min^{-1}	Q_e /(mg/g)	R^2	k_2 /[g/(mg·min)]	Q_e /(mg/g)	R^2	k_{id} /[g/(mg·min)]	c/(mg/g)	R^2
18.5	0.004	3.69	0.6	0.054	18.70	0.9	0.257	10.79	0.7

7.2.3　苯酚在 FTMA-Mt 上的吸附热力学

在 FTMA-Mt 的投加量为 0.1g、苯酚溶液 20mL、pH 为 7 的条件下，不同温度（25～45℃）下苯酚在 FTMA-Mt 上的吸附等温线如图 7-12 所示。从图中可以看出，在一定温度范围内，苯酚的吸附量随着温度的升高而增大，但超过一定温度以后，苯酚的吸附量却随温度升高呈下降趋势。当溶液中的苯酚初始浓度为 200mg/L、实验温度从 25℃ 上升到 35℃ 时，苯酚在 FTMA-Mt 上的吸附量从 17.6mg/g 升至 19.3mg/g；然而，当温度升高至 45℃ 时，苯酚的吸附量从 19.3mg/g 下降至 6.2mg/g。结果表明一定温度区域内，较高温度有利于苯酚的吸附。温度的变化导致苯酚吸附量的变化可能是因为氢键效应。苯酚水溶液中存在大量的氢键，因此大量苯酚溶解在水中，温度不断升高，造成氢键断裂，引起苯酚的溶解度减小，导致苯酚在 FTMA-Mt 上的吸附量下降[17,18]。然而，也有文献报道苯酚在 CTAB-Mt 上的吸附随温度的升高而逐渐下降[16]。

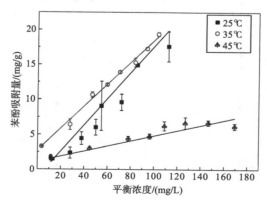

图 7-12　温度对苯酚在 FTMA-Mt 上吸附的影响

苯酚在 FTMA-Mt 上的热力学参数可分别通过式(7-9)～式(7-11)[19]计算。

$$\Delta G^{\ominus} = -RT\ln K_{\mathrm{d}} \tag{7-9}$$

$$\Delta G^{\ominus} = \Delta H^{\ominus} - T\Delta S^{\ominus} \tag{7-10}$$

$$\ln K_{\mathrm{d}} = -\frac{\Delta H^{\ominus}}{RT} + \frac{\Delta S^{\ominus}}{R} \tag{7-11}$$

式中，T 为反应温度，K；R 为理想气体常数，8.314J/(mol·K)；K_{d} 通过计算可得；$\Delta H^{\ominus}$、$\Delta G^{\ominus}$、$\Delta S^{\ominus}$ 分别为标准摩尔焓变、吉布斯自由能、熵变；以 $\ln K_{\mathrm{d}}$ 为纵轴、$1/T$ 为横轴作图，可得一条直线，从直线斜率即可求得 $\Delta H^{\ominus}$，根据截距得到 $\Delta S^{\ominus}$。苯酚在 FTMA-Mt 上的吸附热力学参数如表 7-4 所示。从表中可以看出，当温度为 25～45℃时，标准吉布斯自由能 $\Delta G^{\ominus} < 0$，说明苯酚在 FTMA-Mt 上的吸附都是自发的。25～35℃时，$\Delta H^{\ominus} > 0$，说明该吸附过程是吸热反应，与前面所得的结果一致。$\Delta S^{\ominus} > 0$，表明苯酚吸附到 FTMA-Mt 表面过程造成体系的混乱度增大。由上述热力学结果可知，FTMA-Mt 吸附苯酚的过程自发进行，有利于含苯酚废水的处理。

表 7-4   苯酚在 FTMA-Mt 上的吸附热力学参数

T/K	$K_{\mathrm{d}}/(\mathrm{L/kg})$	$\Delta G^{\ominus}/(\mathrm{kJ/mol})$	$\Delta H^{\ominus}/(\mathrm{kJ/mol})$	$\Delta S^{\ominus}/[\mathrm{J/(mol \cdot K)}]$
298	151.5	-12.44		
308	191.7	-13.46	17.96	102.01
318	47.1	-10.18		

7.2.4   pH 对苯酚在 FTMA-Mt 上吸附的影响

在 1.0 CEC FTMA-Mt 和 200mg/L 苯酚溶液、pH 为 1～13 的条件下，研究 pH 对苯酚在 FTMA-Mt 上吸附情况的影响，如图 7-13 所示。由图 7-13 中可以看出，pH 为 1～9 时，苯酚的去除率几乎不变且在 pH 为 7 时，苯酚的去除率最高，达到 43.6%。然而，当 pH>9 时，苯酚去除率快速下降。这是由于苯酚是一种弱酸，其 pK_{a} 值为 9.8，当 pH>pK_{a}

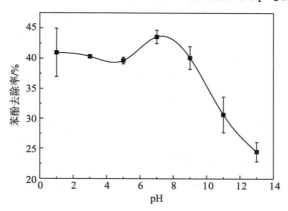

图 7-13   pH 对苯酚在 FTMA-Mt 上吸附的影响

时，苯酚开始大量解离。在 pH 较高的溶液中，苯酚的解离程度增大并且溶液中的 OH^- 大量增加，阻碍了苯酚离子的扩散。同时，吸附剂的带负电离子表面和苯酚离子以及溶液中 OH^- 的静电排斥作用导致了苯酚离子更少地吸附在 FTMA-Mt 上。所以，较高的 pH 不利于苯酚离子的去除。Nayak 和 Singh 曾得到相同的实验结果[20]。结果表明 FTMA-Mt 对苯酚的吸附在大范围的 pH 内都具有较高的去除率，一般苯酚污染水体的 pH 均小于 9，所以 FTMA-Mt 可以较好地应用于苯酚废水的处理。

7.2.5　共存阳离子对苯酚在 FTMA-Mt 上吸附的影响

实际废水含有各种离子组分，为此考察相关离子对苯酚在 FTMA-Mt 上吸附的影响具有重要实践意义。实验采用废水中常见的 Na^+、K^+ 和 Ca^{2+}，0.1g FTMA-Mt 和 0～200mg/L 苯酚，研究阳离子类型及浓度对苯酚在 FTMA-Mt 上吸附的影响。由图 7-14 可知，当溶液中苯酚初始浓度为 200mg/L，溶液中 Na^+ 浓度从 0mol/L 增大到 0.1mol/L 和 0.3mol/L 时，苯酚的吸附量从 17.6mg/g 分别降至 14.6mg/g 和 13.7mg/g。苯酚在 FTMA-Mt 上主要是吸附作用，随着阳离子浓度的增加，其与苯酚阳离子、水分子的竞争吸附增大，阳离子占据 FTMA-Mt 表面的吸附位点并阻碍苯酚阳离子的吸附，导致苯酚去除率降低。同时，盐离子具有盐析效应，盐离子与水分子结合并定向排列形成离子氛，降低了苯酚在水中的溶解度，也减少了苯酚离子的吸附量。虽然盐溶液的存在导致苯酚形成聚合物，使得其体积更小且疏水性更强，增加了其与 FTMA-Mt 的结合能力，但该作用在总体上还是比较微弱[21-23]。综上所述，随着阳离子浓度的增加，苯酚在 FTMA-Mt 上的吸附量是逐渐降低的。

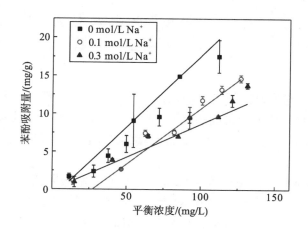

图 7-14　离子强度对苯酚在 FTMA-Mt 上吸附的影响

由图 7-15 可知，不同阳离子对苯酚在 FTMA-Mt 上吸附的影响不同。当水溶液中存在相同浓度的 Na^+、K^+、Ca^{2+}，苯酚初始浓度为 200mg/L 时，苯酚吸附量从 17.6mg/g 分别降低到 14.6mg/g、8.5mg/g 和 4.6mg/g。由此可见，共存阳离子所带电荷越大，更易吸附在 FTMA-Mt 上，因此 Ca^{2+} 对苯酚吸附影响最大。另外，当离子所带电荷数一致时，其对苯酚的吸附影响则与它们的水合离子半径大小有关：$R(Na^+)=0.276nm$、

$R(\mathrm{K}^+)$=0.232 nm[24]。苯酚在 FTMA-Mt 上的吸附可以看作是与 Na$^+$和 K$^+$在膨润土表面的竞争吸附，水合离子半径越小，其在膨润土表面越容易被吸附，因此 K$^+$对苯酚在 FTMA-Mt 上的吸附抑制作用较 Na$^+$强。对结果进行统计分析，发现当溶液中 Na$^+$浓度为 0.1 mol/L 时，其对苯酚在 FTMA-Mt 上的吸附没有影响；而当 Na$^+$浓度继续增大，则对苯酚吸附有很大的影响。在实际应用中，一般水体中 Na$^+$的浓度均小于 0.1mol/L，可直接使用 FTMA-Mt 进行吸附处理；当在含有较高浓度 Na$^+$的废水中使用 FTMA-Mt 进行吸附处理时则要考虑 Na$^+$浓度对苯酚吸附的影响，可以先对污染水体进行预处理操作。

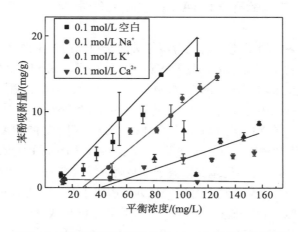

图 7-15　离子种类对苯酚在 FTMA-Mt 上吸附的影响

7.3　电化学"开关"有机膨润土吸附剂的电化学行为及吸附态苯酚的解吸

吸附是一个吸附-解吸动态平衡过程，通常情况下，有机膨润土吸附有机污染物后，二次利用非常困难(涉及膨润土结构的破坏、淋洗剂成本的增加)，且未经处理的有机膨润土直接排放会导致有机污染物的析出，造成环境的二次污染。有机膨润土再生困难限制了其在废水处理中的应用。

苯酚在 FTMA-Mt 上的吸附实验已表明，相对于常规阳离子表面活性剂有机膨润土，FTMA-Mt 对苯酚具有较大的吸附能力，其在苯酚的处理上具有较大的优势。Swearingen 等[25]发现长烷基链表面活性剂有机黏土可以进行电子传递，且经过电化学氧化，有机黏土失去电子；在电解池中投加一定量的还原剂后，氧化态的黏土可以被还原。故本章详细研究 FTMA-Mt 的电化学可逆特性，考察 FTMA-Mt 对苯酚的脱附情况，深入探讨苯酚的脱附率以及 FTMA-Mt 的可重复利用率。最后，为了考察 FTMA-Mt 的可逆吸附特性能否应用于实际废水中有机污染物的处理，选用未经预先处理的焦化废水，验证 FTMA-Mt 在焦化废水中的可逆吸附应用的可行性，以此为 FTMA-Mt 在有机污染废水处理中的应用提供基础理论依据。

7.3.1　FTMA-Mt 的电化学可逆特性

对于电化学可逆过程，其循环伏安曲线须关于水平轴上下对称，且峰电位的差值及上下峰电流的比值分别满足以下条件[26]：

$$\Delta\varphi = \varphi_a - \varphi_c = \frac{2.2RT}{zF} = \frac{56}{z}\,\text{mV} \tag{7-12}$$

$$\frac{I_{pa}}{I_{pc}} \approx 1 \tag{7-13}$$

式中，φ_a 和 φ_c 分别为氧化峰和还原峰电位，mV；I_{pa} 和 I_{pc} 分别为氧化峰和还原峰电位对应的电流，μA。还原态和氧化态 FTMA-Mt 循环伏安曲线如图 7-16 所示，从图中可以看出氧化峰和还原峰电位之差为 50 mV，峰电流之比约为 1，说明 FTMA-Mt 具有较好的电化学可逆特性。同时，FTMA-Mt 从还原态转化为氧化态过程中，FTMA-Mt 的颜色由黄色逐渐转化为绿色。

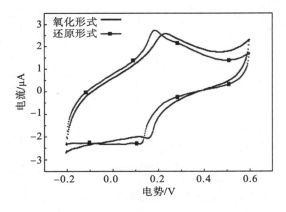

图 7-16　氧化态和还原态 FTMA-Mt 循环伏安曲线

7.3.2　吸附态苯酚的解吸及 FTMA-Mt 再生

在 25℃时，溶液中苯酚(160mg/g)与 1.5 CEC FTMA-Mt(1.0g)达到吸附平衡后，对其进行电化学氧化，苯酚的解吸率如图 7-17 所示。由图 7-17 可知，苯酚的解吸率随着氧化过程的进行不断增加，大约 16h 后达到脱附平衡，累计解吸率为 64.0%。电化学氧化过程停止后，改性膨润土上的苯酚吸附量与其氧化态 1.5 CEC FTMA⁺-Mt 上的苯酚吸附量一致（苯酚溶液初始浓度为 160mg/L）。不同浓度苯酚溶液对苯酚脱附量及解吸率的影响如图 7-18 所示。由实验结果计算得出，苯酚的解吸率均大于 60%，且随着苯酚浓度从 100mg/L、160mg/L 增加到 200mg/L，苯酚解吸率分别从 60.0%、65.9%增加至 76.8%。

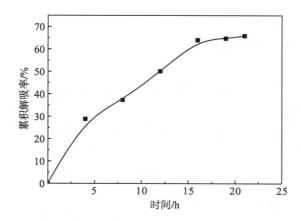

图 7-17　电化学氧化后苯酚累计解吸率

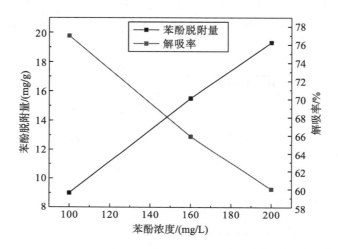

图 7-18　苯酚浓度对苯酚脱附量及解吸率的影响

　　综上所述，FTMA-Mt 在其氧化还原状态下对苯酚吸附量的不同是由于 FTMA 在电化学氧化还原过程中发生了表面性质变化。根据文献报道，FTMA 在还原态下形成胶束并通过增溶作用去除有机污染物，在氧化态下，胶束被破坏，释放出有机污染物[27,28]。根据实验结果可知，FTMA-Mt 对苯酚的吸附能力远远大于 FTMA⁺-Mt，所以 FTMA-Mt 对苯酚的可逆吸附作用可以通过控制 FTMA 的氧化还原状态实现。由图 7-18 可知，达到平衡后，随着氧化过程的继续，苯酚也无法百分之百地脱附，这是由于氧化态 FTMA-Mt 对苯酚也具有一定的吸附作用，且电化学氧化后残留在 FTMA-Mt 上苯酚的吸附量与同浓度苯酚在 FTMA⁺-Mt 上的吸附量一致。

　　图 7-19 描述了再生后的 FTMA-Mt 对苯酚的吸附情况。虽然再生后 FTMA-Mt 对苯酚的吸附能力有所降低，但是再生后的 FTMA-Mt 仍具有较强的吸附苯酚能力。当溶液中苯酚初始浓度为 200mg/L 时，经电化学再生后，FTMA-Mt 对其的吸附量从 33.0mg/g 下降到 22.7mg/g。为了研究 FTMA-Mt 的循环使用性能，对 1.5 CEC FTMA-Mt 进行多次电化学氧化还原并测定其对苯酚的吸附量。从图 7-20 中可以看出，随着吸附-脱附循环次数增加，

苯酚在 FTMA-Mt 上的吸附量呈下降趋势,但是循环次数在 5 次以内,均能达到较好的苯酚去除效果。

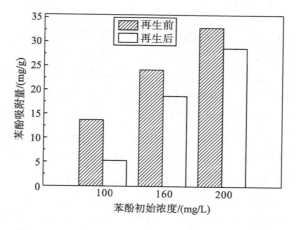

图 7-19 再生前后 FTMA-Mt 对苯酚吸附能力对比

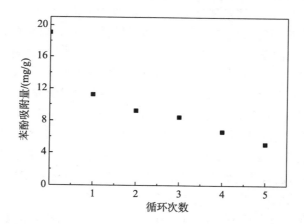

图 7-20 5 次循环再生后苯酚在 FTMA-Mt 上的吸附量

随着 FTMA-Mt 电化学氧化还原次数的增加,苯酚吸附量逐渐减少,这是因为在氧化还原过程中,FTMA 并没有完全氧化,同时,其氧化态 FTMA$^+$ 在膨润土上的吸附量小于 FTMA,导致 FTMA$^+$ 从膨润土上脱附,从而使得还原后的 FTMA-Mt 中 FTMA 的量不断减少。另一方面,FTMA-Mt 氧化再生之后仍吸附了一部分的苯酚,吸附位点被占据,再使用其去吸附相同浓度的苯酚,苯酚的吸附量会明显降低。现在对于改性膨润土吸附完有机污染物之后的处理或者是再生手段,比如淋洗法、化学再生法不仅造成严重的二次污染,而且会导致再生成本提高及二次污染再处理困难,最常见的焙烧法虽然可以再回收膨润土,但是高温焙烧需要消耗大量的能量,由此可见,FTMA-Mt 是一种绿色的吸附剂并且可以可逆原位处理苯酚,尽管目前 FTMA-Mt 多次循环利用后其吸附效率有所降低,但是其仍为发展有机膨润土的绿色、高效再生方法提供了基础理论支撑。

7.3.3　电化学"开关"有机膨润土吸附剂在焦化废水处理中的应用

焦炉煤气、蒸汽的冷凝以及生产过程中的生产用水是焦化废水的主要来源。焦化废水色度高,作为典型的含酚废水,焦化废水中含有其他有机污染物如吡啶、喹啉和吲哚等强致癌性物质,造成环境污染并且威胁人类健康。焦化废水中含有大量的氨氮,其值大大超过了废水的可生化降解范围,造成生化处理困难,出水水质难以达标。因此,国内外都在积极探索高效、经济的焦化废水处理方法。目前,物理法、化学法及生物法在国内外被认为是最主要的三种焦化废水处理方法。物理法和化学法操作简单、方便易行,但是该两种方法仅适用于水量少且浓度较低的污水处理,并且其处理费用较高。通过紫外光辐射加强 Fenton 试剂的氧化性,李东伟等[29]利用 UV-Fenton 法将焦化废水进行氧化处理,水样中几乎检测不到挥发酚,COD 去除率超过 86%。刘红等[30]将 Fenton 试剂投加到焦化废水中,经过氧化-混凝沉降后,Fe^{2+}和 H_2O_2 的投加量分别为 0.6g/L 和 7.2g/L,在 80℃条件下氧化反应 1.5h,调节溶液的 pH 约为 7.6,再继续投加 10mL/L 的聚硅硫酸铝对其进行混凝,静置一段时间沉降分层。取上清液测定 COD 发现 COD 降低至 38.2mg/L,去除率为 96.7%,可直接进行排放。大量研究发现 Fenton 试剂的强氧化性可以降解焦化废水中难以生物降解的有害有毒物质。吸附法是一种物理化学处理方法,其利用多孔性吸附剂与废水中有机物存在的各种相互作用力(静电作用、氢键作用、范德瓦耳斯力等),吸附水中的有机污染物,从而净化废水、提高水质。活性炭、矿渣和膨润土等具有含量丰富、易获取等特点,是目前最常用的吸附剂。吸附法适用于低浓度的废水处理,但吸附剂的再生困难导致吸附法处理成本较高,限制了吸附法的应用。Wu 和 Zhu[31]将表面活性剂和膨润土分别投加到焦化废水中对其进行深度处理,发现即使废水中存在含量较少的疏水性难降解有机污染物,仍然可以利用该工艺有效地将其去除,膨润土浓度为 0.75g/L、CTAB 投加量为 0.6 CEC 时,检测到 COD 和色度均达标,可直接排放。

为了评价电化学"开关"有机膨润土对焦化废水中苯酚的去除效果,在 25℃下将不同类型的有机膨润土(1.0 CEC FTMA-Mt、1.0 CEC CTAB-Mt 和 1.0 CEC CPC-Mt)投加到不同体积的焦化废水中以研究苯酚去除效果,并比较 FTMA-Mt 与常规有机膨润土的去除差异。从图 7-21 可以看出,当 FTMA-Mt 的浓度为 1.25g/L 时,FTMA-Mt、CTAB-Mt 和 CPC-Mt 对苯酚的去除率分别为 29.1%、25.9%和 28.0%,FTMA-Mt 对苯酚的去除率比 CTAB-Mt 和 CPC-Mt 要大。同时,当 FTMA-Mt 的浓度分别为 1.25g/L、1.70g/L、2.50g/L、5.00g/L 时,苯酚的去除率分别为 29.1%、20.8%、20.1%和 27.7%,表明 FTMA-Mt 的投加量较低时其对苯酚的处理效果更好,进而说明 FTMA-Mt 可以应用于焦化废水的苯酚去除。

前面章节已提及 FTMA-Mt 具有电化学可逆特性且能通过电化学方法控制苯酚在 FTMA-Mt 上的脱附释放和再吸附过程,为了验证 FTMA-Mt 是否可以应用于实际废水中苯酚的可逆吸附,将 1g 1.5 CEC FTMA-Mt 投加到 800g 焦化废水中以研究 FTMA-Mt 对焦化废水是否具有可逆处理效果。实验结果表明,经过电化学氧化,43%苯酚从吸附了焦化废水的 FTMA-Mt 上脱附,对其进行电化学还原以后,其对苯酚的吸附效率从原来的 34.4%降低到 29.5%,再生 FTMA-Mt 仍然对焦化废水中的苯酚具有良好的吸附性能,可以应用于焦化废水的可逆处理。然而，焦化废水的成分比较复杂，含有的非离子态组分类别较多，其对苯酚在 FTMA-Mt 上的吸附产生各种复合作用，导致 FTMA-Mt 在焦化废水中对苯酚的去除率明显低于模拟苯酚废水溶液。因此，采用电化学"开关"有机膨润土处理有机废水过程中可结合有机废水的相关预处理技术，从而提高处理效率。

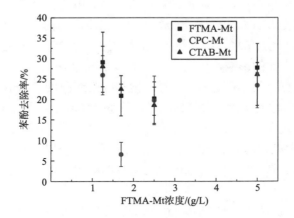

图 7-21　FTMA-Mt、CTAB-Mt 和 CPC-Mt 对焦化废水中苯酚的去除率

7.4　小　　结

目前，有机膨润土作为吸附剂被广泛应用于废水处理工艺，然而有机膨润土吸附剂的难再生问题限制了其在水处理中的进一步使用。为了解决有机膨润土吸附剂高消耗、难回收利用的问题，本章选取电化学"开关"表面活性剂二茂铁十一烷基三甲基溴化铵（FTMA）作为改性剂，合成有机膨润土吸附剂（FTMA-Mt），对其电化学性质进行研究，以苯酚为目标污染物，探讨苯酚在 FTMA-Mt 上的吸附机理及各因素（pH、离子强度、离子种类和温度等）对苯酚吸附的影响，同时，将有机膨润土的可逆特性应用于实际焦化废水的处理，初步提出"开关"有机膨润土在废水处理中的可逆应用。主要结论如下：

（1）成功制备了电化学"开关"有机膨润土（FTMA-Mt），随 FTMA 实际负载量增大，阳离子交换效率不断降低，改性膨润土底面层间距不断增大（1.56nm→1.64nm→1.78nm→1.90nm→2.11nm→2.14nm），其在膨润土层间的排列模式从平卧单层（1.56nm→1.64nm）、平卧双层（1.78nm→1.90nm）、假三层（2.11nm）到倾斜单层（31.6°），改性膨润土层间堆积密度变化规律与层间排列一致。电化学"开关"表面活性剂与常规阳离子表面活性剂改性膨润土的热重曲线变化规律一致，表面活性剂进入膨润土层间增强了膨润土的热稳定性。

（2）苯酚在 FTMA-Mt 上的吸附量比其在常规阳离子表面活性剂有机膨润土（CTAB-Mt、CPC-Mt）上的吸附量大，显然 FTMA-Mt 在废水处理中更具优势。苯酚在 FTMA-Mt 和 CTAB-Mt、CPC-Mt 上的吸附机理一致，吸附过程中分配作用占主导，吸附动力学符合准二级吸附速率方程，化学吸附为主要控速步骤。热力学实验发现苯酚在

FTMA-Mt 上的吸附是自发进行的并伴随着吸热反应，苯酚在 FTMA-Mt 上的吸附过程增加了体系的混乱度。

(3)实际废水成分比较复杂，不同因素会对苯酚在 FTMA-Mt 上的吸附效果造成不同的影响。pH>9 时，FTMA-Mt 对苯酚的去除率直线下降；当水体中共存阳离子含量较少时，其对吸附的影响可以忽略不计，当阳离子浓度上升时，共存阳离子抑制苯酚在 FTMA-Mt 上的吸附，且影响程度大小为 $Na^+ < K^+ < Ca^{2+}$。一定温度区间内，温度越高，FTMA-Mt 对苯酚的吸附越有利。因此，在水体修复技术中，可根据实际情况，通过调节关键影响因子，降低影响因子对苯酚去除的影响，以达到较好的修复效果。

(4)FTMA-Mt 具有电化学可逆特性，对已饱和吸附苯酚的 FTMA-Mt 进行电化学氧化控制，释放率在 16h 后达到平衡，对苯酚的脱附率大于 60%，主要是由于经过电化学氧化后形成的表面活性剂改性膨润土也具有一定的吸附作用，同时吸附剂与分子间存在一定的作用力。对经过电化学氧化后的 FTMA-Mt 进行电化学还原再生，虽然再生后的 FTMA-Mt 对苯酚的吸附率有所下降，但是其对水体中污染物的吸附率仍是可观的并且 FTMA-Mt 可以循环吸附-脱附 5 次。

(5)作为一种新型吸附剂，FTMA-Mt 对实际含酚废水(焦化废水)的去除效果明显大于常规阳离子表面活性剂有机膨润土，且在 FTMA-Mt 含量较小时表现出较高的苯酚去除率。同时，FTMA-Mt 可以应用于未预处理的焦化废水的可逆处理，再生后的 FTMA-Mt 仍对焦化废水中的苯酚具有一定的去除率。

参 考 文 献

[1] Jordan J W. Organophilic Bentonites. I. Swelling in organic liquids[J]. Journal of Physical & Colloid Chemistry, 1949, 53(2): 294-306.

[2] Barrer R M, Macleod D M. Activation of montmorillonite by ion exchange and sorption complexes of tetra-alkyle ammonium montmorillonites[J]. Transactions of the Faraday Society, 1955, 51(6): 1290-1300.

[3] Barrer R M, Reay J S S. Sorption and intercalation by methyl-ammonium montmorillonites[J]. Transactions of the Faraday Society, 1957, 53: 1253-1261.

[4] Yaws C L. Chemical Properties Handbook[M]. New York: McCraw-Hill Book Company, 1999.

[5] Vala R A, Teukolsky R K, Giannelis E P. Interlayer structure and molecular environment of alkylammonium layered silicates[J]. Chemistry of Materials, 1994, 6(7): 1017-1022.

[6] Gruen D W R. A model for the chains in amphiphilic aggregates. 1. Comparison with a molecular dynamics simulation of a biayer[J]. Journal of Physical Chemistry, 1985, 89(1): 146-153.

[7] Gruen D W R, Lacey E H B D. The packing of amphiphile chains in micelles and bilayers[J]. Surfactants in Solution, 1984: 279-306.

[8] Jaynes W F, Boyd S A. Clay mineral type and organic compound sorption by hexadecyltrimethlyammonium-exchanged clays[J]. Soil Science Society of America Journal, 1991, 55(1): 43-48.

[9] Lagaly G. Characterization of clays by organic compounds[J]. Clay Minerals, 1981, 16(1): 1-21.

[10] Zhu J X, He H P, Guo J G, et al. Arrangement models of alkylammonium cations in the interlayer of HDTMA$^+$-pillared montmorillonites[J]. Chinese Science Bulletin, 2003, 48(4): 368-372.

[11] Manzi-Nshuti C, Wilkie C A. Ferrocene and ferrocenium modified clays and their styrene and EVA composites[J]. Polymer Degradation & Stability, 2007, 92(10): 1803-1812.

[12] Smith J A, Galan A. Sorption of nonionic organic contaminants to single and dual organic cation bentonites from water[J]. Environmental Science & Technology, 1995, 29(3): 685-692.

[13] Haghseresht F, Wang S B, Do D D. A novel lanthanum-modified bentonite, Phoslock, for phosphate removal from wastewaters[J]. Applied Clay Science, 2009, 46(4): 369-375.

[14] Ho Y S, Mckay G. Sorption of dye from aqueous solution by peat[J]. Chemical Engineering Journal, 1998, 70(2): 115-124.

[15] Nassar M M. Intraparticle diffusion of basic red and basic yellow dyes on palm fruit bunch[J]. Water Science & Technology, 1999, 40(7): 133-139.

[16] Senturk H B, Ozdes D, Gundogdu A, et al. Removal of phenol from aqueous solutions by adsorption onto organomodified Tirebolu bentonite: Equilibrium, kinetic and thermodynamic study[J]. Journal of Hazardous Materials, 2009, 172(1): 353-362.

[17] Jain A K, Suhas, Bhatnagar A. Methylphenols removal from water by low-cost adsorbents[J]. Journal of Colloid & Interface Science, 2002, 251(1): 39-45.

[18] Tütem E, Apak R, Ünal Ç F. Adsorptive removal of chlorophenols from water by bituminous shale[J]. Water Research, 1998, 32(8): 2315-2324.

[19] 李济吾, 朱利中, 蔡伟建. 微波作用下表面活性剂在膨润土上的吸附行为特征[J]. 环境科学, 2007, 28(11): 2642-2645.

[20] Nayak P S, Singh B K. Removal of phenol from aqueous solutions by sorption on low cost clay[J]. Desalination, 2007, 207(1-3): 71-79.

[21] Li Q, Yue Q Y, Sun H J, et al. A comparative study on the properties, mechanisms and process designs for the adsorption of non-ionic or anionic dyes onto cationic-polymer/bentonite[J]. Journal of Environmental Management, 2010, 91(7): 1601-1611.

[22] Davranche M, Lacour S, Bordas F, et al. An easy determination of the surface chemical properties of simple and natural solids[J]. Journal of Chemical Education, 2003, 80(1): 76-78.

[23] Chibowski S, Mazur E O, Patkowski J. Influence of the ionic strength on the adsorption properties of the system dispersed aluminium oxide–polyacrylic acid[J]. Materials Chemistry & Physics, 2005, 93(2–3): 262-271.

[24] Hu B W, Cheng W, Zhang H, et al. Solution chemistry effects on sorption behavior of radionuclide ^{63}Ni(II) in illite-water suspensions[J]. Journal of Nuclear Materials, 2010, 406(2): 263-270.

[25] Swearingen C, Wu J, Stucki J, et al. Use of ferrocenyl surfactants of varying chain lengths to study electron transfer reactions in native montmorillonite clay chain lengths to study electron transfer reactions in native montmorillonite clay[J]. Environmental Science & Technology, 2004, 38(21): 5598-5603.

[26] 田昭武. 电化学研究方法[M]. 北京: 科学出版社, 1984.

[27] Saji T, Hoshino K, Aoyagui S. Reversible formation and disruption of micelles by control of the redox state of the head group[J]. Journal of the American Chemical Society, 1985, 107(24): 6865-6868.

[28] Long J, Tian S L, Niu Y H, et al. Electrochemically reversible solubilization of polycyclic aromatic hydrocarbons by mixed micelles composed of redox-active cationic surfactant and conventional nonionic surfactant [J]. Polycyclic Aromatic Compounds, 2016, 36(1): 1-19.

[29] 李东伟, 高先萍, 蓝天. UV-Fenton 试剂处理焦化废水的研究[J]. 水处理技术, 2008, 34(10): 42-45.

[30] 刘红, 周志辉, 吴克明. Fenton 试剂催化氧化——混凝法处理焦化废水的实验研究[J]. 环境科学与技术, 2004, 27(2): 71-73.

[31] Wu Z H, Zhu L Z. Removal of polycylic aromatic hydrocarbons and phenols from coking wastewater by simultaneously synthesized organobentonite in a one-step process[J]. Journal of Environmental Sciences, 2012, 24(2): 248-253.

第8章 可切换亲水溶剂可逆吸收净化挥发性有机污染物

近年来，由挥发性有机化合物(volatile organic compounds，VOCs)所带来的空气污染问题日趋严重，VOCs 成为仅次于颗粒污染物的一大类大气污染物。由于其污染量大、范围广泛，所造成的危害极其严重，寻找一种既高效又经济的 VOCs 污染控制技术已成当前的紧迫任务。在工业实践中，吸收工艺是一门发展早、技术成熟、应用范围广泛的化工分离技术，在对气态污染物进行净化的同时还能回收利用气态污染物，是一种常用的净化气态污染物的方法之一。然而，吸收剂和污染物之间的分离仍然充满挑战，传统的分离技术需要消耗大量能源甚至可能会造成二次污染，在吸收剂选择方面的局限性极大地限制了吸收技术的广泛应用。因此，迫切需求一种高效、经济、绿色环保的吸收剂来替代传统的吸收剂，解决传统吸收剂和污染物分离过程中的高能耗问题。基于此，本章研究可切换亲水溶剂(switchable hydrophilicity solvents，SHSs)对 VOCs 的吸收与解吸过程，比较 SHSs 与常规有机吸收剂对 VOCs 的吸收能力。为了验证可切换亲水溶剂(SHSs)是否具有较高的吸收能力和较低的能耗，详细探究不同条件下 SHSs 对 VOCs 的吸收、解吸以及回收的 SHSs 对 VOCs 的多次循环吸收能力，研究结果有望推动基于可切换亲水溶剂的 VOCs 可逆快速吸收、绿色环保的有机废气净化技术的发展。

基于可逆亲水溶剂特性提出使用 SHSs 去除 VOCs 的新方法，该方法可逆吸收原理如图 8-1 所示，将含有 VOC 的废气送入吸收塔(1)经 SHS 吸收，将吸收饱和的吸收液送入解吸装置(2)，将吸收液与来自储水罐(5)中的水按一定比例混合，向混合液(2)中通入 CO_2 气体直到上层液体(VOC)的纯度足够高(通过取样分析)时，分离上层液体(VOC)、下层液体(SHS 和水)，然后分别送入 VOC 储罐(3)和解吸装置(4)。向解吸装置(4)的混合液中不断通入 N_2，直到 SHS 和水分离，将上层液体(SHS)送入 SHS 储罐(6)待重新循环使用，下层液体(水)送入 SHS 水储罐(5)中。(7)和(8)分别是 CO_2 和 N_2 气体压缩罐。图 8-1(a)中的深色虚线为部分的解吸原理，详细的 SHS 解吸 VOC 原理如图 8-1(b)所示。

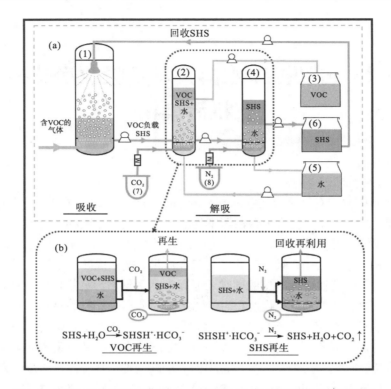

图 8-1 VOC-SHS 可逆吸收原理：（a）SHS 对 VOC 的吸收和解吸原理；
（b）SHS 对 VOC 的解吸和再生原理（后附彩图）

8.1 可切换亲水溶剂对 VOCs 的吸收性能

8.1.1 SHSs 的吸收能力及与典型常规吸收剂的比较

选取两种典型的 SHSs，即 N,N-二甲基环己胺（N,N-dimethylcyclohexylamine，CyNMe$_2$）和 N,N-二甲基苄胺（N,N-dimethylbenzylamine，BDMA），研究两种 SHSs 对甲苯的吸收性能，并与典型常规吸收剂洗油（washing oil，WO）[1]对甲苯的吸收能力进行比较，以验证 SHSs 是否具有常规吸收剂吸收 VOCs 的能力。在 25℃和载气流量为 430mL/min 条件下，研究所选三种吸收剂 CyNMe$_2$、BDMA 和 WO 对不同初始浓度甲苯（低浓度 2.7g/m^3 和高浓度 27.0g/m^3）的吸收能力。由图 8-2 可知，当甲苯气体的初始浓度为 2.7g/m^3 时，CyNMe$_2$、BDMA 和 WO 的吸收能力分别为 12.3g/L、13.3g/L 和 14.6g/L；当甲苯气体初始浓度达到 27.0g/m^3 时，CyNMe$_2$、BDMA 和 WO 的吸收能力分别为 71.7g/L、74.9g/L 和 93.7g/L。以上结果表明无论甲苯的初始浓度如何变化，两种 SHSs 对甲苯的吸收能力均略低于 WO。此外，由图 8-2 还可以看出，在 SHSs 和常规吸收剂吸收甲苯过程中，吸收达到饱和所需时间相差不大，说明 SHSs 吸收甲苯也具有较快的传质速率。综上，SHSs 具有与常规吸收剂基本相当的吸收 VOCs 的能力，因而理论上可以用作 VOCs 吸收剂。

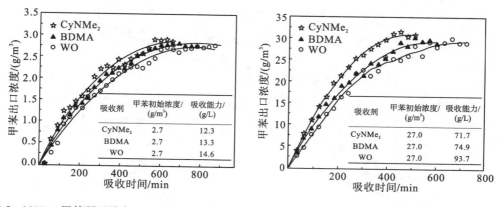

图 8-2　N,N-二甲基环己胺(CyNMe₂)、N,N-二甲基苄胺(BDMA)和洗油(WO)对甲苯的吸收能力的比较

表 8-1 列举了两种 SHSs 和其他常规吸收剂吸收甲苯的能力,从表 8-1 可以知道 CyNMe₂ 和 BDMA 吸收甲苯的能力明显高于绝大部分常规的吸收剂(洗油除外)。Jessop 等[2]报道 BDMA 的质子交换能力弱于大多数 SHSs,故 CyNMe₂ 比 BDMA 具有更好的"开关"性能。因此选取 CyNMe₂ 作为 SHSs 的典型代表研究其对 VOCs 的吸收能力。CyNMe₂ 对不同 VOCs 吸收能力的比较如图 8-3 所示,图中给出了 20mL 的 CyNMe₂ 对初始浓度为 2.7g/m³ 的 VOCs(甲苯和苯)气体,在 25℃、气体流量为 430mL/min 条件下的吸收能力。由图 8-3 可知,在上述条件下 CyNMe₂ 对甲苯和苯的吸收达到饱和所需时间分别为 660min 和 480min,吸收能力分别为 12.3g/L 和 9.3g/L,说明 CyNMe₂ 对甲苯的吸收能力大于其对苯的吸收能力。

表 8-1　SHSs 与常规吸收剂对甲苯吸收能力的比较

吸收剂	E/atm (25℃)	γ (25℃)	η/(Pa·s) (20℃)	吸收能力 /(g/L) (25℃)	甲苯初始浓度 $C_{g,甲苯}$/(g/m³)
洗油(WO)	0.030[1]	0.78[1]	0.0041[1]	14.60[1]	2.7[1]
N,N-二甲基苄胺 (BDMA)	0.036[1]	1.09[1]	0.0013[1]	13.30[1]	2.7[1]
己二酸二辛酯(DEHA)	0.020[2]	0.52[2]	0.01253	13.20[2]	3.7[2]
N,N-二甲基环己胺 (CyNMe₂)	0.029[1]	0.75[1]	0.0011[1]	12.30[1]	2.7[1]
邻苯二甲酸二异丁酯 (DIBP)	0.034[2]	0.88[2]	0.0378[2]	10.60[2]	3.7[2]
二异庚基邻苯二甲酸酯 (DIHP)	0.028[2]	0.73[2]	0.055[2]	9.06[2]	3.7[2]
邻苯二甲酸二异癸酯 (DIDP)	0.025[b]	0.65[2]	0.1188[2]	8.40[2]	3.7[2]
聚乙烯 400 (PEG400)	0.040[2]	1.05[2]	0.1336[2]	6.80[2]	3.7[2]
硅油 (PDMS)	0.056[2]	1.46[2]	0.0198[2]	5.31[2]	3.7[2]
聚乙二醇 300 (PEG300)	0.082[2]	2.14[2]	0.0755[2]	4.22[2]	3.7[2]

注: ①实验获得; ②源自 Heymes et al. (Chem. Eng. J., 2006, 115:221-231)

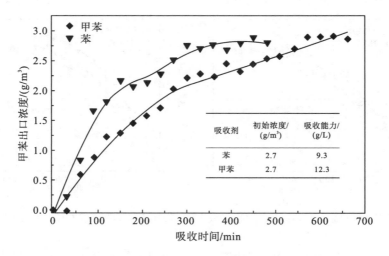

图 8-3　CyNMe$_2$ 对不同 VOCs 的吸收能力的比较

8.1.2　甲苯初始浓度和温度对 CyNMe$_2$ 吸收甲苯能力的影响

实际的有机废气处理过程中不同的生产工艺对应的甲苯初始浓度差异很大，为验证 SHSs 体系对 VOCs 吸收的可行性，研究不同初始浓度甲苯($2.7\mathrm{g/m^3}\sim42.7\mathrm{g/m^3}$)条件下 SHSs 的吸收效果。图 8-4 显示了 20mL 的 CyNMe$_2$ 对初始浓度由 $2.7\mathrm{g/m^3}$ 到 $42.7\mathrm{g/m^3}$ 的甲苯气体，在 25℃、气体流量为 430mL/min 条件下的吸收变化规律及 CyNMe$_2$ 对甲苯的吸收能力。由图 8-4 可知，随着甲苯气体初始浓度的增加，CyNMe$_2$ 对甲苯的吸收能力急剧增加，由 12.3g/L 上升到 136.7g/L。由此可以推断出 CyNMe$_2$ 对甲苯的吸收能力随着入口甲苯气体初始浓度的增大而增强，即 SHSs 对含 VOCs 浓度较高的废气处理能力较强。

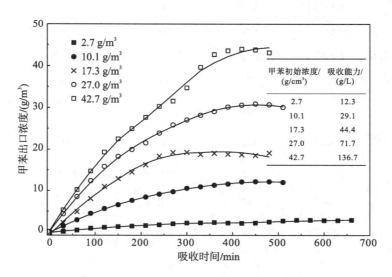

图 8-4　甲苯初始浓度对 CyNMe$_2$ 吸收能力的影响

　　温度直接影响吸收体系的稳定性，故考察 20mL 的 CyNMe$_2$ 对初始浓度为 2.7g/m^3 的甲苯气体，在温度为 25℃、30℃、35℃、40℃、45℃，气体流量为 430mL/min 条件下的吸收变化规律及 CyNMe$_2$ 对甲苯的吸收能力。由图 8-5 可以看出，随着吸收体系温度的增加，CyNMe$_2$ 对甲苯的吸收能力明显减小，由 12.3g/L 下降到 2.4g/L，吸收时间由 550min 下降到 200min。在 25℃、30℃、35℃条件下，CyNMe$_2$ 对甲苯的吸收能力的趋势变化(甲苯在 CyNMe$_2$ 中的浓度增加速度)不是很明显，但是吸收时间逐渐缩短；而在 40℃和 45℃条件下，甲苯在 CyNMe$_2$ 中的浓度急剧增加，在较短时间(200min 内)达饱和，但甲苯出口浓度大于其入口的初始浓度，是由于温度较高的条件下，原本已经被 CyNMe$_2$ 吸收的甲苯不稳定又随着甲苯挥发出来。以上结果说明 CyNMe$_2$ 吸收能力受到温度的影响较大，这意味着高温不利于吸收，低温更有利于吸收。因此在常温条件下，SHSs 吸收净化 VOCs 废气的能力大于其在高温条件下的吸收能力。

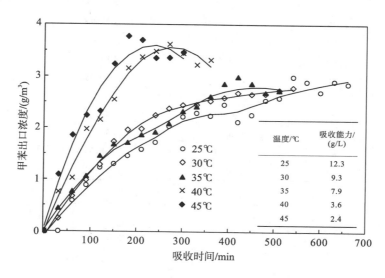

图 8-5　温度对 CyNMe$_2$ 吸收能力的影响

8.1.3　VOCs-SHSs 体系的气液平衡常数

　　亨利常数是表征吸收剂吸收过程的重要参数，可反映 VOCs 在吸收剂中吸收能力的大小。亨利常数较大时，吸收剂吸收能力相对较小；而亨利常数较小时，吸收剂吸收能力相对较大。因此，为了探索 SHSs 对 VOCs 吸收能力的特性规律，研究 VOCs 在吸收过程中的气液平衡常数(亨利常数)。测定不同温度下甲苯在 CyNMe$_2$、BDMA 和 WO 三种吸收剂中的亨利常数，实验结果列于表 8-2。由表 8-2 可知，甲苯在三种吸收剂的亨利常数受温度的影响较明显。亨利常数与温度的关系可以由范特-霍夫方程描述[3]。

$$\ln H = A - B/T \tag{8-1}$$

其中，A、B 分别为通过线性回归确定的参数；T 为温度。得到甲苯在各吸收剂中的 $\ln H$ 和 $1/T$ 的线性关系如图 8-6 所示，回归得到的线性方程呈良好的线性关系，其相关系数 R^2

为 0.986～0.998，通过相关系数检验（t 检验）得 $p<0.05$，这表明 $\ln H$ 和 $1/T$ 具有高度显著的线性关系。通过范特-霍夫方程拟合得到甲苯在三种吸收剂（CyNMe$_2$、BDMA 和 WO）中不同量纲的亨利常数（H 和 E）对应的温度线性关系参数（A 和 B）及相关系数，如表 8-3 所示。

表 8-2　不同吸收体系的亨利系数

吸收剂	温度/℃	$H\times10^{-4}$	$H_C\times10^{-3}$/(atm·L/mol)	$E\times10^{-2}$/atm
CyNMe$_2$	25	2.12±0.06	5.18±0.14	2.86±0.10
	30	3.10±0.02	7.70±0.51	4.22±0.03
	35	5.27±0.22	13.30±0.54	7.28±0.30
	40	7.46±0.18	19.10±0.47	10.00±0.27
	45	10.10±0.08	26.30±0.21	13.70±0.01
BDMA	25	2.67±0.14	6.52±0.34	3.64±0.20
	30	5.61±0.36	13.90±0.89	7.53±0.53
	35	8.47±0.12	21.40±0.31	11.30±0.20
	40	13.30±0.35	34.10±0.89	17.70±0.59
	45	20.70±0.22	54.0±0.58	28.30±0.28
WO	25	2.43±0.10	5.94±0.25	3.02±0.14
	30	4.01±0.01	9.96±0.02	5.09±0.03
	35	7.00±0.15	17.70±0.38	8.92±0.19
	40	10.70±0.29	27.50±0.76	13.50±0.37
	45	16.00±0.29	41.70±0.75	22.20±0.61

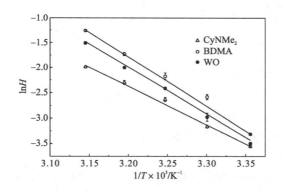

图 8-6　不同吸收剂中甲苯的亨利系数与温度的关系

表 8-3　线性回归所得的方程的 A、B 及相关系数

吸收剂	$\ln H\sim1/T$				$\ln E\sim1/T$			
	A_H	B_H	R_H^2	p	A_E	B_E	R_E^2	p
CyNMe$_2$	−17.021	−7590	0.993	0.002	−22.426	−7736	0.986	0.002
BDMA	−23.465	−9414	0.989	0.001	−28.356	−9410	0.991	0.006
WO	−21.939	−9012	0.997	0.002	−28.085	−9409	0.998	0.005

　　由表 8-2 可知，总体来看，在不同温度条件下，甲苯在 SHSs 中的亨利常数与其在 WO 中的亨利常数差别不大。虽然 BDMA 和 CyNMe$_2$ 对甲苯的吸收能力分别略低于洗油和己二酸二辛酯，但却显著高于其他大多数常规吸收剂（如聚乙二醇、邻苯二甲酸酯、硅油）（表 8-1）。8.1.2 节得出 VOCs 浓度越大越有利于 SHSs 吸收的结论，表 8-1 中列举的常规吸收剂对甲苯的吸收能力是基于文献中甲苯的初始浓度为 3.7g/m^3 得到的，而我们采用的甲苯初始浓度为 2.7g/m^3，若用 SHSs 处理浓度为 3.7g/m^3 的甲苯气体，则其吸收能力更大。综上，通过文献报道和我们所研究的常规吸收剂对甲苯吸收能力的结果可知，SHSs 对甲苯的吸收能力大于绝大多数常规吸收剂的吸收能力。

　　为了探究影响吸收剂（SHSs）吸收能力大小的因素，比较 SHSs 与常规吸收剂的活度系数（γ）和黏度（η），列于表 8-1。首先通过 γ 的大小判断 SHSs 是否具有较强的吸收 VOCs 的能力，由于 γ 是热力学平衡一个特征点参数，反映了甲苯和 SHSs 之间的相互作用，VOCs 在吸收剂中的 γ 越低将越有利于达到吸收平衡，即吸收剂具有越大的去除 VOCs 的能力（见实验理论）。由表 8-1 可以看出 SHSs 具有较大的去除 VOCs 的能力。

　　还可以通过测定黏度的大小来判断 SHSs 是否具有较强的吸收 VOCs 的能力，测定结果列于表 8-1，由表 8-1 可以看出 SHSs 的黏度低于大多数常规吸收剂。由于黏度越低，气液传质速率越大，传质阻力越小，越有益于吸收过程的发生，即 SHSs 吸收 VOCs 能力就越大。综上可知，亨利常数、活度系数和黏度的大小可决定 SHSs 对 VOCs 的吸收能力。

　　研究吸收过程的膜的控制类型，在工艺过程开发中可作为选择工艺条件的依据；了解强化吸收过程的途径，也有助于吸收设备的选型，对工业生产具有重要的指导意义。本章选用双驱动搅拌气液传质设备测定 SHSs 吸收甲苯过程中的液相传质系数（K_L）和气相传质系数（K_G），在 30℃ 条件下，测得甲苯在 CyNMe$_2$ 中不同时间间隔内的浓度变化，求得甲苯在 CyNMe$_2$ 中的液相传质系数（K_L）和气相传质系数（K_G）分别为 3.51×10^{-6}m/s 和 1.85×10^{-4}mol/(m^2·s·atm)，如表 8-4 所示。结合已测得的亨利常数，液膜阻力与气膜阻力可分别通过方程 H_C/K_L（2.19m^2·s·atm/mol）和 $1/K_G$（5.41×10^{3}m^2·s·atm/mol）计算得到，在 K_L 和 K_G 接近的情况下，液膜阻力与气膜阻力存在如下关系：

$$\frac{1}{K_G} \gg \frac{H_C}{K_L} \tag{8-2}$$

　　从式（8-2）可以看出，传质阻力的绝大部分存在于气膜中，液膜阻力可以忽略，即气膜阻力控制着 SHSs 吸收甲苯的整个吸收过程的速率。总推动力的绝大部分用于克服气膜阻力。对于物理吸收，吸收过程属于气膜控制还是液膜控制可以通过经验公式估计[4]，即当 $\dfrac{\rho_s H_C}{M_s P} > 0.2$ 时，整个吸收过程由液膜控制；当 $\dfrac{\rho_s H_C}{M_s P} < 5 \times 10^{-4}$ 时，整个吸收过程由气膜控制；当 $\dfrac{\rho_s H_C}{M_s P}$ 介于 5×10^{-4} 和 0.2 之间时，吸收过程则由气膜和液膜共同控制。其中，ρ_s 为实际操作温度和压强下可溶气体的密度，kg/m^3；M_s 为可溶气体的分子量，g/mol；P 为气相总压，kPa。

　　用经验公式计算 CyNMe$_2$ 吸收甲苯过程中膜的控制类型，通过计算得

$$\frac{\rho_s H_C}{M_s P} = 3.097 \times 10^{-4} < 5 \times 10^{-4} \tag{8-3}$$

由计算值可知该体系传质阻力主要存在于气膜中,即气体吸收速率主要受气膜的吸收阻力控制。实验测得结果和经验公式计算结果一致,说明用双驱动搅拌气液传质设备测定该体系的膜传质类型是可行的。

由于温度是传质过程中一个重要的影响因素,因此温度对传质过程的影响也需要做进一步研究,研究结果总结于表 8-4。如表 8-4 所示,气相传质系数和液相传质系数随吸收温度的升高而减小。根据表 8-4 的数据,可以通过线性回归拟合传质系数与温度的关系($R^2=0.99$),通过相关系数检验(t 检验),$p<0.05$,表明 K 和 T 具有极显著的线性关系。因此,在压力一定时,吸收温度对气相传质系数和液相传质系数的影响可以通过以下方程求得。

$$K_L = -3 \times 10^{-8} T + 5 \times 10^{-6} \tag{8-4}$$

$$K_G = -2 \times 10^{-8} T + 7 \times 10^{-6} \tag{8-5}$$

表 8-4　不同温度条件下的 K_L 和 K_G

温度/℃	$K_L \times 10^{-6}$ /(m/s)	$K_G \times 10^{-4}$ /[mol/(m²·s·atm)]
25	3.64	1.92
30	3.51	1.85
35	3.31	1.74
40	3.16	1.66
45	2.97	1.56

在吸收过程中吸收剂的损失与不同温度下的蒸发及鼓泡过程相关,而温度对吸收剂的损失有直接影响,因此,研究 CyNMe$_2$ 在吸收甲苯的过程中的损失程度极为必要。考察 20mL 的 CyNMe$_2$ 在温度为 25℃、30℃、35℃、40℃、45℃,气体流量为 430mL/min 条件下(用纯氮气代替 VOCs 废气)的损失量。由图 8-7 可知,随着吸收体系温度的增加,在

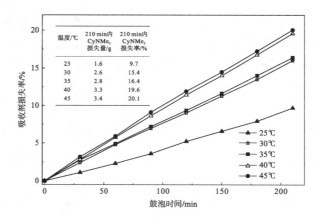

图 8-7　温度对吸收剂损失量的影响

210min 内 $CyNMe_2$ 的损失量明显增大,由 25℃ 上升到 45℃,损失率由 9.7% 上升到 20.1%。结果表明,在选择吸收条件时不仅要考虑吸收剂的吸收能力,还要考虑吸收温度的影响。因此,在吸收过程中应该采取一些措施来减少 $CyNMe_2$ 的损失,如添加冷凝装置或增加吸收装置高度等。

8.2　VOCs 的解吸和 SHSs 的回收

8.2.1　CO_2 促进 VOCs 解吸

SHSs 是 CO_2 "开关" 溶剂,即通过向 SHSs 中通入 CO_2,其极性和溶解性等性质都会发生显著变化,可从不溶于水转变成溶于水,因此可以通过改变 SHSs 的亲水性,实现 VOCs 与 SHSs 分离。为了验证 SHSs 和 VOCs 的混合体系是否可以有效地分离,往该混合体系中通入 CO_2,研究 SHSs 与 VOCs 的分离效果。图 8-1 描述了 CO_2 驱动的吸收饱和体系的分离示意图,由图 8-1 可以看出向吸收饱和液中通入 CO_2,$CyNMe_2$ 和 VOCs 的混合液分离成两层,其中上层是 VOCs,下层是 $CyNMe_2$ 和水的混合液;向 $CyNMe_2$ 和水的混合液通入 N_2 时,$CyNMe_2$ 和水的混合液分离成两层,其中上层是 $CyNMe_2$,下层是水。解吸实验分为两个过程,一是 VOCs 与吸收剂的分离,二是吸收剂与水的分离。为了研究 $CyNMe_2$ 和 VOCs 的分离过程,考察不同条件下代表性 VOCs 甲苯和 $CyNMe_2$ 的分离效率,如 CO_2 流量和纯度、温度、甲苯浓度、甲苯/$CyNMe_2$ 标准溶液和水体积比等。

1)CO_2 流量和纯度对解吸过程的影响

在 25℃、标准溶液和水体积比为 10:10、不同 CO_2 流量(15mL/min、30mL/min、45mL/min)条件下,比较 $CyNMe_2$ 对甲苯的解吸能力,选取合适的 CO_2 流量。CO_2 流量对甲苯解吸率的影响如图 8-8 所示。从图 8-8 可以看出,各 CO_2 流量所对应的甲苯的解吸率分别为 97.68%(45mL/min)、93.73%(30mL/min)和 93.03%(15mL/min),这意味着 CO_2 流量越大,越易从饱和液中回收 $CyNMe_2$。CO_2 流量为 45mL/min 条件下,饱和液中 $CyNMe_2$ 回收率最高,甲苯的解吸率最高,但 CO_2 消耗量也较高,因此,相对而言 30mL/min 的 CO_2 流量是相对较理想的解吸流量,在接下来的解吸研究中,CO_2 流量设置为 30mL/min。

在 25℃、标准溶液和水体积比为 10:10、CO_2 流量为 30mL/min、不同 CO_2 纯度(100%、90%、80%、50%、10%、5%、1%)条件下,比较 $CyNMe_2$ 对甲苯的解吸能力,以选取合适的 CO_2 纯度(改变 N_2 和 CO_2 的流量比例)。如图 8-9 所示,饱和液中 $CyNMe_2$ 的回收率随着 CO_2 纯度的升高而升高,甲苯的解吸率也随着 CO_2 纯度的升高而增大。例如,当 CO_2 纯度为 100% 时,甲苯的解吸率被确定为 93.73%。然而,即使在 1% 的 CO_2 纯度时,仍然可以将 $CyNMe_2$ 从饱和液中分离出来,解吸出甲苯,但是由于耗时较长(210min),甲苯的解吸率仅为 48.22%。这一结果表明在 CO_2 纯度较小时,也可以将甲苯与 $CyNMe_2$ 分离,因此在切换过程中对 CO_2 纯度的要求不高,即不需高纯 CO_2,从而降低了解吸成本。

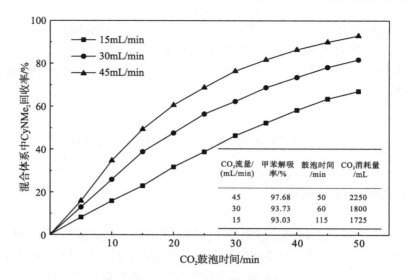

图 8-8　CO_2 流量对甲苯解吸率的影响

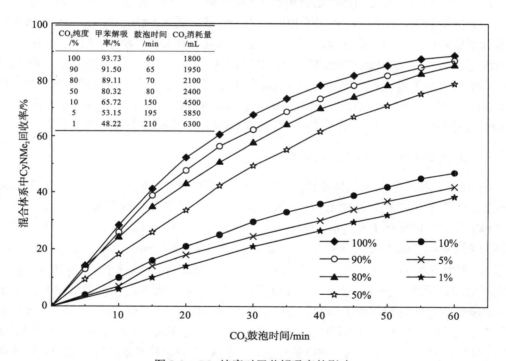

图 8-9　CO_2 纯度对甲苯解吸率的影响

2) 温度对解吸过程的影响

在不同温度(20℃、25℃、35℃、45℃、55℃)、CO_2 流量为 30mL/min、标准溶液和水体积比为 10∶10、甲苯/$CyNMe_2$ 标准溶液浓度为 130g/L 条件下，比较 $CyNMe_2$ 对甲苯的解吸能力，以选取合适的解吸温度。从图 8-10 中可以看出，在实验开始 45min 之内，饱和液中 $CyNMe_2$ 回收率在 35℃ 时最高，在 45min 后其与 25℃ 时的数值相差不大，对应的甲苯解吸率分别为 92.92% 和 93.73%；20℃、45℃ 和 55℃ 三种温度条件下 CyNMe₂ 的分离速率也相差不大，40min 后，55℃ 条件下 CyNMe₂ 的解吸量增长比较缓慢，三种温度条件对应的甲苯解吸率分别为 92.45%、89.34%、73.66%。温度的升高会加速甲苯的挥发，导致回收的甲苯减少，而甲苯在 20℃ 时的解吸率小于 25℃，是因为在 20℃ 条件下鼓泡时间较长，甲苯的损耗较大；但温度太高时，鼓入 CO_2 会形成胺基碳酸盐[2,5,6]，HCO_3^- 不稳定，在较高的温度和压力条件下极易分解，然后胺的极性被迅速改变，从而减少形成的碳酸盐[5]，导致逆反应的发生。因此，温度太高或太低均不利于甲苯和 CyNMe₂ 的分离。通过综合比较不同温度下甲苯的解吸率、CyNMe₂ 的分离速率和 CO_2 消耗量，25℃ 是相对比较理想的解吸温度，在接下来的研究中，解吸温度设定为 25℃。

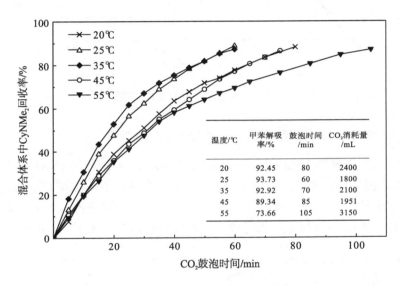

图 8-10 温度对甲苯解吸率的影响

3) 甲苯浓度对解吸过程的影响

在 25℃、CO_2 流量为 30mL/min、标准溶液和水体积比为 10∶10、不同甲苯/CyNMe₂ 标准溶液浓度 (65g/L、130g/L、260g/L) 条件下，比较 CyNMe₂ 对甲苯的解吸能力，选取合适的甲苯溶度。甲苯浓度对甲苯解吸率的影响如图 8-11 所示，由图 8-11 可知，解吸实验刚开始时，CyNMe₂ 的分离速率变化不大；15min 后，浓度为 260g/L 时 CyNMe₂ 的分离速率明显小于其他两个浓度下 CyNMe₂ 的分离速率，因此甲苯浓度太高或太低均不利于甲苯从 CyNMe₂ 中解吸出来。甲苯的解吸率随着 CO_2 鼓泡时间加长而减小，甲苯浓度为 65~260g/L 时，甲苯的解吸率均在 91% 以上。虽然 CyNMe₂ 的分离速率受浓度影响不大，但是浓度在 130g/L 条件下相对解吸时间较短且 CO_2 消耗量较小，是相对更适合的解吸浓度，在接下来的解吸实验中，甲苯浓度保持为 130g/L。

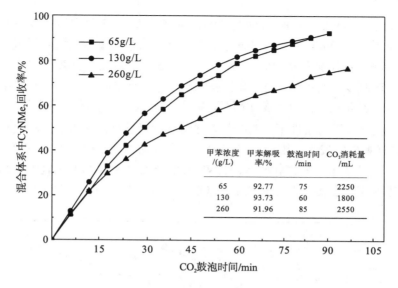

图 8-11　甲苯浓度对甲苯解吸率的影响

4) 甲苯/CyNMe$_2$ 标准溶液和水体积比对解吸过程的影响

在 25℃、CO$_2$ 流量为 30mL/min、CO$_2$ 纯度为 100%、不同甲苯/CyNMe$_2$ 标准溶和水体积比(10:50、10:25、10:16.7、10:12.5、10:10)条件下，比较 CyNMe$_2$ 对甲苯的解吸能力，选取合适的体积比。不同比例的甲苯/CyNMe$_2$ 标准溶液与水对甲苯和 CyNMe$_2$ 分离过程的影响如图 8-12 所示。为了能够清楚地分析曲线变化规律，40～46min 的解吸

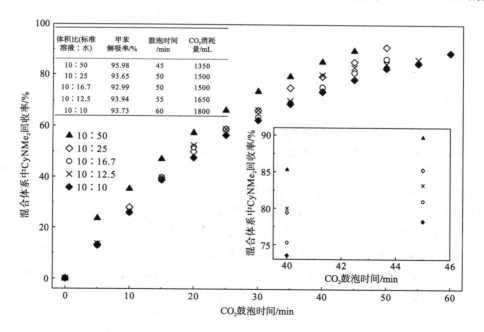

图 8-12　甲苯/CyNMe$_2$ 标准溶液和水体积比对甲苯解吸率的影响

曲线被放大。由图 8-12 可知，标准溶液与水的比例为 10∶50（水含量最高）条件下，饱和液中 $CyNMe_2$ 的分离速率最快，甲苯的解吸率最高（95.98%）；而标准溶液与水的比例为 10∶10（水含量最低）条件下，饱和液中 $CyNMe_2$ 的分离速率最慢，甲苯的解吸率较低（93.73%）。两种条件下甲苯解吸率相差不大，后者相对前者的鼓泡时间和 CO_2 的消耗量略有增加，但是含水的比例较高时，污水处理费也较高。基于这些讨论，我们得出：标准溶液与水的比例较大（含水的比例较低）可能是更适合的解吸条件。

8.2.2　"开关"溶剂的回收

1）N_2 流量对 $CyNMe_2$ 回收的影响

在 25℃、CO_2 流量为 30mL/min、CO_2 纯度为 100%、水和 $CyNMe_2$ 体积比为 1∶1 条件下，得到水和 $CyNMe_2$ 的单相溶液。然后控制温度为 40℃，向溶液中通入不同流量 N_2（50mL/min、75mL/min、100mL/min、150mL/min），比较溶液中 $CyNMe_2$ 回收率，从而选取合适的 N_2 流量。图 8-13 描述了 N_2 流量对溶液中 $CyNMe_2$ 回收率和回收速率的影响。由图 8-13 可以看出，N_2 流量为 100mL/min 和 150mL/min 时，溶液中 $CyNMe_2$ 回收率和回收速率明显高于 N_2 流量为 50mL/min 和 75mL/min 对应的值。尽管 N_2 流量为 150mL/min 条件下的溶液中 $CyNMe_2$ 回收率和回收速率稍高，但是在该流量条件下 N_2 的消耗量大。综合比较可知，N_2 流量为 100mL/min 更适于 $CyNMe_2$ 的回收。

2）温度对 $CyNMe_2$ 回收的影响

由于碳酸氢盐在加热条件下易分解，理论上可通过加热的方式将 $CyNMe_2$ 从其水溶液中分离进行回收，故研究温度对 $CyNMe_2$ 回收的影响。在 25℃、CO_2 流量为 30mL/min 和 CO_2 纯度为 100%条件下，得到水和 $CyNMe_2$ 体积比为 1∶1 的单相溶液，然后将溶液置于不同温度（30℃、40℃、50℃、60℃）下，向其通入 N_2（100mL/min），比较溶液中 $CyNMe_2$ 回收率，以选取合适的回收温度。图 8-14 显示了温度对溶液中 $CyNMe_2$ 回收率及回收速率的影响。由图 8-14 可以看出，随着温度的升高，$CyNMe_2$ 的回收速率显著增大，$CyNMe_2$ 的回收率也不断增加，N_2 消耗量大幅度减小，同时回收时间也逐渐缩短，综合比较得出高温更有益于 $CyNMe_2$ 的回收。因此，加热处理能在很大程度上加速 $CyNMe_2$ 的回收过程，从而加速回收过程的效率，这与胺基碳酸盐在高温条件下易分解有关[2,6,7]。

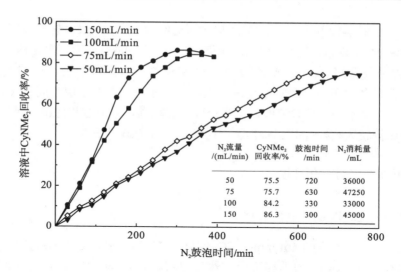

N_2流量/(mL/min)	$CyNMe_2$回收率/%	鼓泡时间/min	N_2消耗量/mL
50	75.5	720	36000
75	75.7	630	47250
100	84.2	330	33000
150	86.3	300	45000

图 8-13　N_2 流量对 $CyNMe_2$ 回收率的影响

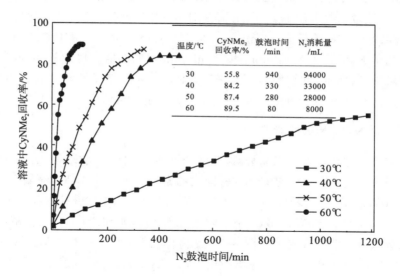

温度/℃	$CyNMe_2$回收率/%	鼓泡时间/min	N_2消耗量/mL
30	55.8	940	94000
40	84.2	330	33000
50	87.4	280	28000
60	89.5	80	8000

图 8-14　温度对 $CyNMe_2$ 回收率的影响

8.3　SHSs 循环吸收性能及 SHSs 含水量对吸收性能的影响

8.3.1　SHSs 循环吸收性能

为研究回收的 $CyNMe_2$ 对甲苯的吸收能力，比较回收的 $CyNMe_2$ 和新鲜的 $CyNMe_2$ 对甲苯吸收能力的差异。在温度为 25℃、CO_2 流量为 30mL/min、CO_2 纯度为 100%、水和 $CyNMe_2$ 体积比为 1∶1 条件下，得到水和 $CyNMe_2$ 的单相溶液。保持溶液温度为 60℃，向其中通入流量为 100mL/min 的 N_2，回收得到 $CyNMe_2$。由图 8-15 可知，经过 5 次吸收-

分离循环后，CyNMe$_2$ 对甲苯的吸收能力比新鲜的 CyNMe$_2$ 对甲苯的吸收能力减少了 10.3%（7.4g/m^3），结果说明，多次吸收-分离后的 CyNMe$_2$ 仍对甲苯表现出良好的吸收性能。综上可知，CyNMe$_2$ 是优良的 VOCs 吸收剂，且可多次循环利用。

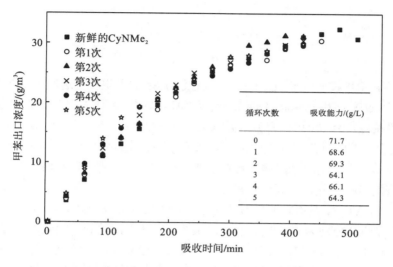

图 8-15　回收得到的 CyNMe$_2$ 对甲苯吸收能力的比较

8.3.2　SHSs 含水量对吸收性能的影响

由于回收的 CyNMe$_2$ 含有一定量的水，而水对 VOCs 的吸收能力远远小于 CyNMe$_2$，因此本节研究水对 CyNMe$_2$ 吸收甲苯能力的影响。在甲苯气体流量为 430mL/min 和气体浓度为 27.0g/m^3 的初始条件下，比较不同水分含量的 CyNMe$_2$ 对甲苯的吸收能力。由图 8-16 可知，随着 CyNMe$_2$ 中水含量的增加，CyNMe$_2$ 对甲苯的吸收能力逐渐下降。例如在

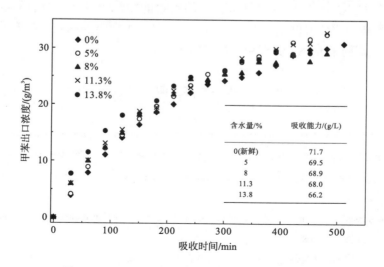

图 8-16　CyNMe$_2$ 中含水量对甲苯吸收能力的影响

含水量为 13.8% 时，$CyNMe_2$ 对甲苯的吸收能力为 66.2g/L，而不含水的新鲜 $CyNMe_2$ 的吸收能力为 71.7g/L。研究结果表明，所回收的 $CyNMe_2$ 对甲苯的吸收能力低于新鲜 $CyNMe_2$ 与 $CyNMe_2$ 的含水量有较大的关系。

8.4　小　　结

本章研究了 SHSs 对 VOCs 的吸收、解析及 SHSs 的再生性；选取了 N,N-二甲基环己胺（$CyNMe_2$）和 N,N-二甲基苯胺（BDMA）作为 SHSs 的代表（因其具有商业可获得性、低毒性和高沸点等特点）验证 SHSs 可逆吸收 VOCs 的可行性；比较了洗油（WO，常规吸收剂）与 SHSs 对代表性 VOCs 甲苯的吸收能力。研究结果证实，SHSs 是新型的 VOCs 吸收剂，且再生过程简单、无二次污染问题，具有潜在的应用前景，是一种经济高效、绿色环保的含 VOCs 废气的净化方法，主要结论如下。

（1）SHSs 对 VOCs 具有较强的吸收能力。$CyNMe_2$ 和 BDMA 对 VOCs 的吸收能力（C_{in}=2.7g/m^3，25℃）分别为 12.30g/L 和 13.30g/L，略低于洗油（常规吸收剂）对 VOCs 的吸收能力（14.60g/L），但显著高于聚乙二醇、邻苯二甲酸酯、硅油等大多数常规吸收剂。

（2）VOCs 在 SHSs 中亨利常数、吸收剂的活度系数和黏度越低，越有利于 SHSs 对 VOCs 的吸收。VOCs-SHSs 体系中的传质阻力主要存在于气膜中，吸收传质阻力主要由气膜控制，传质系数与温度具有显著的相关性。30℃时液相传质系数（K_L）和气相传质系数（K_G）分别为 3.51×10^{-6} m/s 和 1.85×10^{-4} mol/(m^2·s·atm)。

（3）常温下，可通过吸收剂极性变化实现甲苯与 $CyNMe_2$ 的有效分离，甲苯解吸率最高达 97.68%，$CyNMe_2$ 的回收率最高达 89.5%，综合分析得到最佳分离条件：CO_2 气体流量为 30mL/min、温度为 25℃、甲苯/$CyNMe_2$ 标准溶液和水体积比为 10：10、甲苯浓度为 130g/L、CO_2 纯度为 100%；最佳回收条件：N_2 气体流量为 100mL/min、温度为 60℃。

（4）回收的 $CyNMe_2$ 对甲苯仍具有较强的吸收能力，经过 5 次循环吸收-分离到的 $CyNMe_2$ 的吸收能力比新鲜的 $CyNMe_2$ 减小了 10.3%，主要是因为回收得到的 $CyNMe_2$ 含有一定量水分，减弱了 $CyNMe_2$ 对甲苯的吸收能力。

参 考 文 献

[1] Boyd A R, Jessop P G, Dust J M, et al. Switchable polarity solvent（SPS）systems: probing solvatoswitching with a spiropyran （SP）-merocyanine（MC）photoswitch[J]. Organic & Biomolecular Chemistry, 2013, 11（36）: 6047-6055.

[2] Jessop P G, Kozycz L, Rahami Z G, et al. Tertiary amine solvents having switchable hydrophilicity[J]. Green Chemistry, 2011, 13（3）: 619-623.

[3] Gossett J M. Measurement of Henry's law constants for C1 and C2 chlorinated hydrocarbons[J]. Environmental Science & Technology, 1987, 21（2）: 202-208.

[4] 涂晋林，吴志泉. 化学工业中的吸收操作——气体吸收工艺与工程[M]. 上海：华东理工大学出版社, 1994.

[5] Dwivedi P, Gaur V, Sharma A, et al. Comparative study of removal of volatile organic compounds by cryogenic condensation and adsorption by activated carbon fiber[J].Separation & Purification Technology, 2004, 39(1): 23-37.

[6] Jessop P G, Heldebrant D J, Li X W, et al. Green chemistry: reversible nonpolar-to-polar solvent[J]. Nature, 2005, 436(7054): 1102.

[7] Stephenson R M. Mutual solubilities: water + cyclic amines, water + alkanolamines, and water + polyamines[J]. Journal of Chemical & Engineering Data, 1993, 38(4):634-637.

彩　图

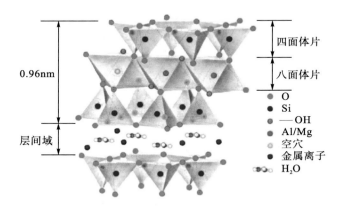

图 1-5　蒙脱石矿物晶体结构

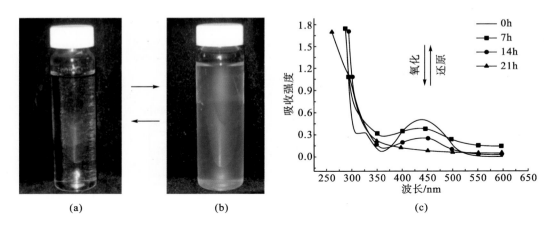

(a)　　　　　　　　(b)　　　　　　　　(c)

图 5-6　FTMA 溶液的颜色变化及紫外吸收光谱图

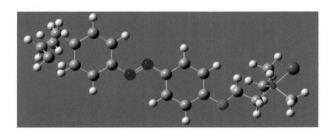

图 6-30　AZTMA 空间结构图

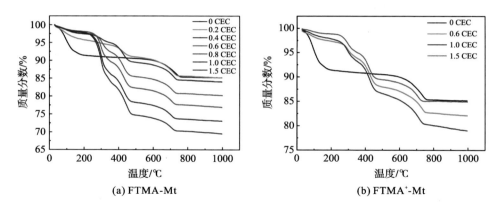

图 7-3　未改性膨润土与 FTMA-Mt、FTMA$^+$-Mt 的 TG 曲线

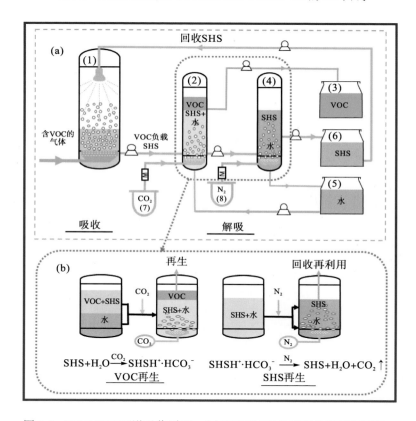

图 8-1　VOC-SHS 可逆吸收原理：（a）SHS 对 VOC 的吸收和解吸原理；
（b）SHS 对 VOC 的解吸和再生原理